BIANDIANZHAN
ZHINENG XUNJIAN JIQIREN JISHU

变电站
智能巡检机器人技术

国网宁夏电力有限公司电力科学研究院　编

中国电力出版社
CHINA ELECTRIC POWER PRESS

内 容 提 要

为提高巡检覆盖率及变电站智能水平，采用变电站智能机器人巡检系统，通过整合机器人技术、非接触检测技术、模式识别、导航定位及物联网等技术，能够实现变电站全天候、全方位、全自主智能巡检和监控，有效降低劳动强度，降低运维成本，提高自动化和智能化水平。本书结合近年来常用几类巡检机器人技术应用情况，对该技术进行介绍。

本书共分为六章，介绍了常用变电站智能巡检机器人构成的系统、机器人使用方法、后台系统、检测技术以及使用过程中常见的问题。

本书可作为电力系统工程技术人员、管理人员，以及从事智能巡检机器人制造、设计相关的厂商及高校师生的参考用书。

图书在版编目（CIP）数据

变电站智能巡检机器人技术 / 国网宁夏电力有限公司电力科学研究院编 . —北京：中国电力出版社，2022.11

ISBN 978-7-5198-7004-1

Ⅰ. ①变…　Ⅱ. ①国…　Ⅲ. ①机器人技术－应用－变电所－电力系统运行－巡回检测　Ⅳ. ① TM63

中国版本图书馆 CIP 数据核字（2022）第 152270 号

出版发行：中国电力出版社
地　　址：北京市东城区北京站西街 19 号（邮政编码 100005）
网　　址：http://www.cepp.sgcc.com.cn
责任编辑：陈　丽
责任校对：黄　蓓　常燕昆
装帧设计：郝晓燕
责任印制：石　雷

印　　刷：三河市万龙印装有限公司
版　　次：2022 年 11 月第一版
印　　次：2022 年 11 月北京第一次印刷
开　　本：710 毫米 ×1000 毫米　16 开本
印　　张：6.25
字　　数：93 千字
印　　数：0001—1500 册
定　　价：45.00 元

编　委　会

主　　编　周　秀　潘亮亮

副 主 编　相中华　田　天　陈　磊　马云龙　潘庆庆

编写人员　朱洪波　王　博　于家英　张　恒　史　磊

马　奎　朱　林　刘　垚　白　金　徐玉华

魏　莹　倪　辉　孙尚鹏　罗　艳　刘廷埪

李秀广　何宁辉　牛　勃　马飞越　叶　涛

刘威峰　田　禄　云明轩　杨　凯　杨　慧

刘宁波　陈　彪　姚志刚　王　玺　李小伟

赵宏宝　张鹏程　岳利强　祁玉金　金海川

王东方　王晓康　唐长应　董慎学　高　旭

吴　波　房子祎　杨安家　唐　婷　张少敏

吴　杨　张庆平　郝金鹏　沙伟燕　周秀萍

冯　垚　韩　利　马　锐　方济中　崔　鹏

常　婧　张庆霞　钱　勇

前　言

人工或自动巡检机器人定期对设备进行巡视，及时发现设备早期异常，并采取措施，是避免造成设备及电网事故，保证电网可靠运行的最重要技术手段。但是因受设备高空、交叉、重叠布置等因素影响，人工和早期巡检机器人难以开展近距离、深层次设备巡视工作，巡视覆盖率不足50%，难以满足电力设备管理系统对实时性、经济性、安全性、可靠性和易用性等多方面的要求。为提高巡检覆盖率及变电站智能水平，采用变电站智能机器人巡检系统，该系统由变电站智能巡检机器人、机器人室、微气象及通信系统、本地监控后台、远程集控后台五大部分组成，同时通过整合机器人技术、非接触检测技术、模式识别、导航定位及物联网等技术，使得机器人进而代替人工完成简单的、复杂的或者重复性的工作，实现对设备自动识别管理、自动巡航、自动预警、自动生成报表等，同时，该系统的自主巡检、红外测温、图像识别、视频监控、环境参数检测等功能，能够实现对变电站全天候、全方位、全自主智能巡检和监控，有效降低劳动强度，降低运维成本，提高自动化和智能化水平，真正实现集电力预案于一体的变电站智能巡检方案，该系统已经在国家电网、南方电网得到了规模化示范应用。

本书结合近年来常用几类巡检机器人技术应用情况，对该技术进行介绍。

限于作者水平，书中不妥和错误之处在所难免，恳请专家、同行和读者给予批评指正。

作者

2022年10月

目　　录

第一章　概　　述

随着我国社会经济的发展，电网规模和智能化水平不断提高，电力系统也面临越来越多的挑战和问题：不断增长的电网设备和相对紧缺的人力资源、电力供应的高可靠性要求和电力设备停电检修之间存在矛盾。随着社会不断发展，单纯依靠简单加大资金、人力投入的发展模式，难以适应现在及今后社会对电力需求。因此，借助高度发展的机器人、物联网、大数据、5G等新技术手段，不断发展和应用智能化作业模式，在现有人力条件下，提高电力企业的生产效率，提升供电可靠性，降低生产成本，将是今后电力企业发展方向。

传统的人工巡检方式存在很多不足。变电站运行、检修、试验等专业运维人员主要从事定期巡视、倒闸操作、设备检修等现场作业，劳动强度大、工作效率低、检测质量分散、手段单一；在雷雨等恶劣天气条件下，人工巡检存在较大安全风险，且无法及时进行巡检；由于受到种种条件限制，传统的视频监控系统存在很大的监控盲区，很难真正满足视频监控全方位覆盖的要求。同时由于系统复杂、摄像头数量多、安装布线工作量大，因此故障率较高，维护困难。随着智能变电站和无人值守变电站模式的推广，对变电站巡检提出了更高的要求。

采用智能机器人技术进行变电站巡检，既具有人工巡检的灵活性和智能性，同时也克服和弥补了人工巡检中存在的一些缺陷和不足，是智能变电站和无人值守变电站巡检技术的发展方向，且具有广阔的应用前景。随着智能电网概念的提出，世界多国争相通过本国先进的传感器和测量技术、设备技术、控制方法和决策支持系统开发电力系统的智能化设备，确保电网的智能化、信息化、经济环保化的运行。利用智能巡检机器人配合多种智能检测装置，对站内设备进行智能识别与联动。同时使用多样化巡检模式配合自动充电系统，实现7×24h的高频率、无人化巡检。充分发挥机器人精度高、反应灵活、全天候的优点，结合智能化检测装置及智能分析软件，完成了全天候数据快速采集、实时信息传输、智能分析预警到快速决策反馈的管控闭环，加强了电力设备管理能力，确保电网安全稳定运行，提升电网智能化管理水平。人工巡检与机器人巡检对比情况如表 1-1 所示。

表 1-1　　人工巡检与机器人巡检对比

项目	人工巡检	机器人巡检
巡检方式	运维人员到现场，通过手持式红外热像仪测温、人工表计抄录，完成后手动导出设备照片，并将纸质记录数据再次录入做电子存档	机器人按照预设检测时间全自动到现场进行设备测温、表计抄录。数据、报表、图片自动存库并可自由导出
工作量	视变电站设备数量及规模而定	自动巡检，并自动生成数据报表，红外图片等均可选择导出。运维人员仅需查看机器人报警项及缺陷设备即可
准确性	红外测温数据与机器人巡检相同，但是因计抄录距离、表计位置、抄录角度、读表误差等多原因考虑，人工测试准确性较差。在个别角度、位置机器人难以识别的，识别读取上人工有优势	机器人依靠高清相机以及模式识别技术，可以较为准确识别表计。对于距离较远的表计依然可以清晰拍照识别。个别设备机器人无法有效识别
便利性	无人值守站需要运维人员到站进行检测。雷雨大风等恶劣天气时，人员无法到设备区进行检测	已部署机器人的变电站，运维人员到站后仅需查看报警项即可。已部署集控系统或者远程客户端的变电站，运维人员仅需在运维站即可实现对所辖站设备情况的监测。机器人运行不受天气情况影响，恶劣天气下仍能正常巡检
缺陷跟踪	缺陷设备需人工定期定时检测	机器人可以按照预设巡检任务及特定缺陷跟踪任务，实现对缺陷设备的全天候全时段跟踪检测，并结合数据曲线跟踪发展趋势

20 世纪 80 年代末开始，以日本、加拿大和美国为代表的国家先后进行电力巡检机器人研究。

1980 年，日本就开始将移动机器人应用于变电站中，采用磁导航方式，搭载红外热像仪，对 154～275kV 变电站的设备致热缺陷进行检测；日本中部电力公司最早研制出两台巡检机器人，尺寸为 1.4m×1.3m×1.7m，装备远程红外摄像机、彩色摄像机、脉冲探测器等，最大续航能力 2.5h。通过电磁探测敷设于变电站地面下 1cm 处的导线实现巡视路径确认。1990 年，日本东芝和三菱公司联合开发了一台名为“大老鼠”的机器人。

直到 21 世纪，巡检机器人取得实质性突破。2012 年，加拿大魁北克水电公司联合魁北克研究学院基于 A200 赫斯基平台研制出了新型机器人，装备德国制造的视觉摄像机和热成像拍摄仪完成变电站巡检。2013 年，该公司又在上一代产品的基础上，研发了名为“Kinova Jaco”的机器人投入辖区 735kV 变电站使用。集成单只机械臂，通过遥控操作到达指定位置，打开设备柜门，成功实现隔离开关分合，有效避免人为分合导致危险。2008 年，巴西学者设计了一种配备 WiFi 和红外热像仪的高空滑行变电站巡检机器人，对变电站电力设备的致热点进行检测。新西兰研制的电力巡检机器人采用 GPS 定位，具备双向语音交互以及激光避障功能。美国研发的变电站检测机器人能够实现电力设备自动红外检测，并使用检测天线定位局部放电位置。

从 2016 年 CARPI 会议（国际电力机器人学术会议）上所发表论文及研究成果来看，近 10 年来，电力巡检机器人行业主要由中国引导，其专利、产品数量以及应用规模远远超过了其他大洲的数量。经过数年的市场应用和推广，目前国内的电力巡检机器人按应用场景可分为室外巡检机器人、室内巡检机器人、电缆隧道巡检机器人、巡检无人机四大类。

在中国，国家电网公司于 2002 年成立了电力机器人技术实验室，主要开展电力机器人领域的技术研究。2004 年，研制成功第一台功能样机，后续在国家“863 项目”支持和国家电网公司多方项目支持下，研制出系列化变电站巡检机器人。综合运用非接触检测、机械可靠性设计、多传感器融合的定位导航、视觉伺服云台控制等技术，实现了机器人在变电站室外环境全天候、全区域自主运行，开发了变电站巡检机器人系统软件，实现了设备热缺陷分析预警，开关、断路器开合状态识别、仪表自动读数、设备外观异常和变压器声音异常检测及异常状态报警等功能，在世界上首次实现了机器人在变电站的自主巡检及应用推广，提高了变电站巡检的自动化和智能化水平。

据统计，国家电网的 3.5 万座智能变电站中，有 15%～20%需配置智能巡检机器人，目前变电站智能巡检机器人技术中，主要集中在图像识别、带电检测、定位巡航、运动控制等方面，在对电力设备进行巡检时，可及时发现电力设备的热缺陷、异物悬挂等设备异常现象。它可以根据操作人员在基站的任务操作或预先设定的任务，自动进行全局路径规划，通过携带的各种传感器，完成设备的图像巡视、设备仪表的自动识别、一次设备的红外检测等，并记录设备信息，提供异常报警。操作人员只需通过后台基站计算机收到的实时数据、图像等信息，即可完成设备巡视工作。

在电力系统领域，作业对象复杂多变，作业环境变幻莫测，如风、沙、烈日和雷雨，甚至面对高辐射、缺氧等外界恶劣环境。电力机器人具有良好的交互性、适应性及智能性，因此，发展电力机器人是提高供电可靠性和保障人身安全最有效、最直接的方法，随着人工智能技术的发展，机器人产业将迎来发展的关键时期，把握国际机器人产业发展趋势，汲取他国先进经验，促进具有中国特色的电力机器人发展成为下一步提高电力系统智能化水平的研发重点，电力机器人取代传统的人工作业方式将成为一种必然。

第二章　智能巡检机器人系统

变电站智能机器人巡检系统由变电站智能巡检机器人、变电站智能机器人监控系统（包括分析软件）、电源系统等组成，能够遥控或自主开展变电站巡检作业。

第一节　系　统　架　构

变电站智能机器人巡检系统是为适应智能化及无人值守变电站的发展需求，全面提升变电站智能化水平而研制开发的。该系统以智能巡检机器人为核心，整合机器人技术、电力设备非接触检测技术、多传感器融合技术、模式识别技术、导航定位技术以及物联网技术等，能够实现变电站全天候、全方位、全自主智能巡检和监控，有效降低劳动强度，降低变电站运维成本，提高正常巡检作业和管理的自动化和智能化平。

智能巡检机器人的网络架构划分为本地监控、运维站、车载端三部分（见图 2-1），智能巡检机器人实物图如图 2-2 所示。

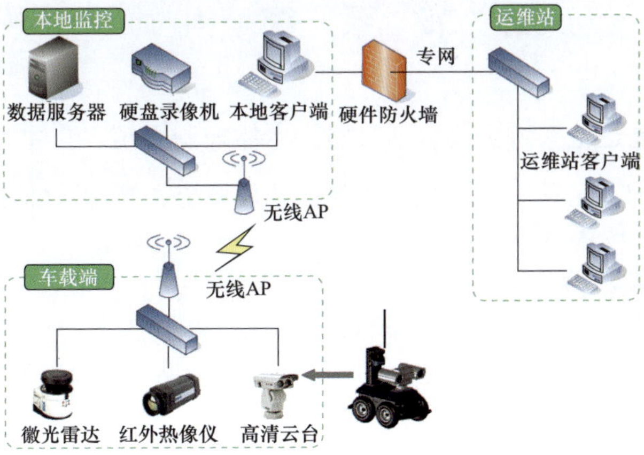

图 2-1　网络架构示意图

图 2-2　智能巡检机器人实物图

车载子系统涵盖的网络设备包括激光雷达、红外热像仪、视频服务器、高清摄像机。通过工业级无线接入点（access point，AP）与本地监控端的无线接入点建立网络连接。本地监控端作为运维人员在厂站对智能巡检机器人进行操作与监控的终端，布置在站内，并在整个巡检区域内建立完整的无线网络，实现客户端与车载端的双向数据交互。同时，本地监控端通过硬件防火墙与专网，连接到运维站的远程监控后台。

第二节　系　统　组　成

机器人智能巡检系统主要包括机器人本体控制系统、自主充电系统、信息采集及处理系统、远程监控系统、大数据处理系统、导航系统等。

一、机器人本体

机器人作为系统的核心部分，集成了多种传感器，如超声传感仪、定点可见光摄像仪、红外线热成像器，并且配备激光雷达设备、夜间照明设备、雨刷等，能够在精确的设备定位和自主导航辅助下，通过全自主的方式完成预设任务，对变电站进行全方位巡检，如图 2-3 所示。机器人适应任何天气条件下运行，在自主导航失效情况下，还可通过遥控的方式对其进行操控。

机器人本体控制系统主要实现的功能有：云台角度控制、检测设备控制（如可见光摄像机、红外热成像仪和声音采集等）、传输控制、机器人运动控制、停障控制、机器人电源管理和储电控制。

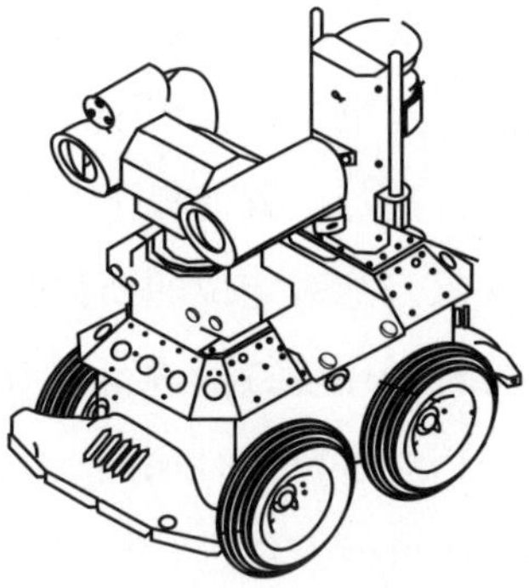

图 2-3　智能巡检机器人

二、导航系统

利用传感器确定机器人在变电站中的精确位置，识别出道路区域和障碍物区域，并规划出到达目标的合适路径；为了让巡检机器人在现场环境下正常工作，必须使机器人获得其所处工作环境的静态和动态信息，并且对机器人位置、姿态、速度和系统内部状态进行监控，通过对这些信息数据进行相应的分析计算，从而实现对巡检机器人的精准控制，使其相应的工作顺序和操作内容能自然地适应工作环境的变化。

以上信息的获取主要运用了各类传感装置，它们又可以细分成内传感器和外传感器两种，内传感器主要是采集机器人自体运动参量，包括编码器、线加速度计、陀螺仪等。编码器用于确定当前机器人的相对位置；线加速度计获取机器人线加速度信息，进而得到机器人的线加速度和位置信息；陀螺仪可以对其角加速度、速度、移动角度等进行测量，由此获取机器人姿态角以及运动方向动态变化等信息。外传感器主要是对外部环境信息进行感知，其中涉及超声波、红外、视觉、激光雷达等传感器。视觉传感器可以借助于摄像机，来帮助机器人进行视觉导航与定位、目标识别和地图构造；超声波与激光雷达传感器，则可以对其工作环境进行感知，并能探测出和障碍物之间的距离，构建环境的地图等；红外线传感器、接触和接近觉传感器大多用来探测机器人工作环境中的障碍物以避免碰撞，用于避碰规划。

当前，机器人定位可以细分成相对与局部定位两类，前者代表就是航迹推演法，这也是较为传统的一种方法，借助于惯性导航中的相关单元，并在已知初始方向与位置前提下，获取机器人的姿态，不过这种方式会产生定位误差累积现象。绝对定位的研究目前更具有普遍性，主要的方法有：①利用视觉传感装置来对环境特征进行获取，进而得到相应定位；②借助于超声传感装置来对障碍信息进行实时探测；③将激光数据的分布逐步延伸到概率分布，从而对机器人的可能方位进行估量；④无线射频定位；⑤借助于 GPS 信号来进行定位。在众多的定位技术中，激光雷达定位技术具有无需场地改造，不需要地面贴磁条、画色带等地面部署，不需要建立基站或依靠 GPS，避免了大规模资源消耗，不受天气影响等优势。硬件上采用 3D 激光雷达传感器扫描周围环境，采用 270°实时扫描的工作方式。通过 3D 激光雷达传感器获取到的机器人周边环境的三维数据、通过加速度计、陀螺仪等惯性测量装置得到的机器人的惯性数据、通过里程计装置获取到的机器人的里程数据，融合三类数据生成三维点云地图；根据所述三维点云地图计算出当前机器人的位置；此激光雷达定位方法，相比于二维激光雷达获取的二维数据，获取了更多机器人周边环境的信息，当机器人周围环境产生很小改变，就会对全局产生很小影响，这样就能进一步降低因为周边环境发生变化所引起的定位误差。

三、自主充电系统

自主充电系统可检测机器人的本体的设备状态，需充电时，控制机器人回到充电室，完成充电可继续开展未完成的巡视任务。

充电室是为机器人提供循环电能的场所。充电室配备有门禁系统和自动充电装置，该门禁系统能够感应智能机器人的巡检行为，实现自动启停。正常情况下，充电室门仅在机器人有巡视任务需要巡视或站端软件系统控制时才会打开/关闭，不需要人为的干预。但是，当机器人没有巡视任务并且站端没有任何控制操作时，运维人员需要对充电室进行巡视，可通过手动解锁打开门禁系统。正常运行条件下，机器人完成变电站巡视后能够自动返回充电室进行自主充电，为下次巡视储备充足电量，实现自主电量管理。当机器人在运行过程中，由于过分放电导致机器人不能正常开机时，无法进行后台自动充电命令控制，需要运维人员前往充电室通过手动方式给机器人进行充电。

四、信息采集及处理系统

信息采集及处理系统的功能主要包括各种仪表的数据读取、断路器和隔离开关的分合状态、红外测温、设备运行噪声的采集和分析。

机器人执行任务过程中，为了清楚地拍摄设备图片，需要频繁变换拍摄角度，而云台可以对摄像头、红外热像仪的拍摄角度进行动态控制。本书所述的巡检机器人是全向型装置，水平向达到了 360°旋转，垂直向也达到了±90°的旋转。为了能够满足夜晚与雨天的检测，还为其配置专门的补光灯与雨刷。

可见光摄像机是巡检机器人搭载的重要的前端设备，巡检机器人所执行的大部分任务，包括表计识别、指示灯识别、开关状态识别、环境识别等，都需要摄像机完成前端采集任务。本书所述的巡检机器人采用的摄像头具有高清特点，像素高达两百万，光学变焦也达到了 30 倍，在聚焦方面更具有快速性和准确性。

选用自适应巡航控制（adaptive cruise control，ACC）可见光监控产品，作为巡检机器人的摄像头，它集成了相应电动长焦镜头与低照度摄像设备的双重优势，可支持远距离室外监控，而且该摄像头还能借助于自身光学、电学技术来对影像图进行处理，使拍摄距离能在普通拍摄距离基础上提高 1.2～1.5 倍。红外热像仪用来承担设备温度探测与采集的任务。热像仪检测温度为－20～＋300℃。当巡检机器人停留在测点位置时，会向功能服务层实时传输被测对象的可见光图像和红外热像仪图像。

五、监控系统

用户的主操作界面可实现与巡检机器人双向信息交互，信息交互内容包括检测数据和巡检机器人本体状态数据，监控系统还可控制机器人进行自主巡检、特殊巡检、遥控巡检等。

六、大数据处理系统

大数据处理系统收集巡检机器人本体采集的各种检测设备信息，自动统计生成报表，实现多源异构检测数据存储和处理，实现在线状态评价；并可结合历史数据，分析设施运行情况。

第三章 机器人本体

变电站智能巡检机器人主要代替巡视人员对室外电站进行巡视检查。该机器人系统可以携带红外热像仪、可见光等有关的电站设备检测装置，以自主和遥控的方式，代替人对室外高压设备进行巡测，及时发现电力设备的热缺陷等，给运行人员提供诊断电力设备运行中的事故隐患和故障先兆的有关数据。变电站智能巡检机器人由移动载体、通信设备和检测设备等组成，能够采用遥控或全自主运行模式，用于变电站设备巡检作业的移动巡检装置。

第一节 机器人构成

机器人本体集机械电子、多传感器融合技术、模式识别技术、红外热诊断技术、无线通信等科学技术方法于一体，以智能激光巡检机器人为核心，实现变电站全天候、全方位、全自主智能巡检、监控和设备数据状态智能分析判读，有效解决人工劳动带来的劳动强度缺陷与不足，降低变电站运维成本，提高正常巡检作业和管理的自动化和智能化水平，为建设智能变电站和无人值守变电站提供创新性的技术检测手段和全方位的安全保障，更快地推进变电站无人值守项目的进程。典型的机器人外观示意图如 3-1 所示。

变电站巡检机器人不同于其他移动机器人，它属于电力特种机器人的一种，其作业环境较为复杂。针对巡检任务对象的特殊性以及强电磁干扰、动态、非结构等特征的高压变电站环境，还需考虑大风、雷雨、冰雪等恶劣天气，这些增加了对变电站巡检机器人的设计与控制难度。为保证可以在高压变电站内稳定可靠的完成巡检任务，巡检机器人需满足以下几项基本指标：

（1）可以按照设定的轨迹线路精确地自主行走（误差不超过 1cm）和停靠。

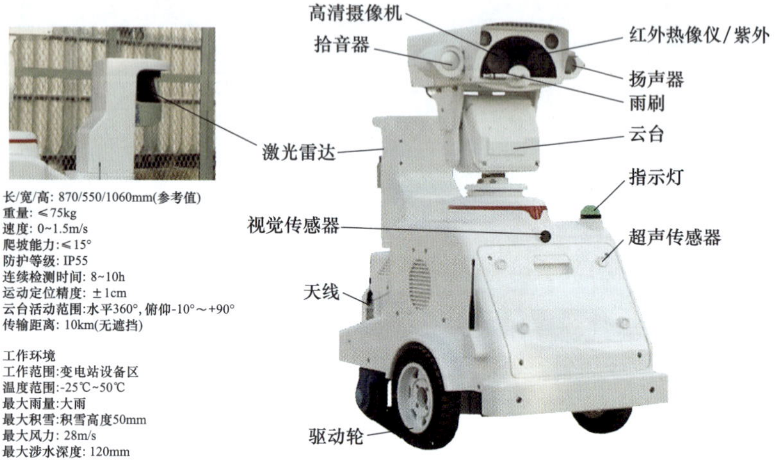

图 3-1　智能巡检机器人本体

（2）具有一定的涉水（水深不低于 10cm）、爬坡（坡度不小于 15°）、小半径（半径不大于自身长度的 2 倍）转弯、短距离制动能力（在 1m/s 的运动速度下，最小制动距离不超过 0.5m）。

（3）具有较长时间的续航能力（一次充电续航能力不小于 5h），能够自主返回充电室进行自主充电。

（4）能够可靠地进行远距离（无遮挡情况下，不小于 10km）远程控制操作，及手动/自动操作运行的任意切换。

（5）精确地对变电站设备定位与在线检测识别（误差小于 5%）。

目前室外电力巡检机器人的运动机构通常为四轮结构，按运动控制方式不同，可分为主从驱动方式、四轮四驱方式、四轮八驱方式三种。

（1）主从驱动方式。这种方式是驱动轮（前驱或后驱）带动从动轮运动。此种控制方式由于从动轮不受控，在路面不平、传动性能不佳、车速过快等情况下，会导致从动轮产生蛇形运动，影响机器人运动的稳定性，严重时会引起机器人侧翻。

（2）四轮四驱方式。相比于主从驱动方式，运动稳定性得到了显著的提高。但受限于控制方式，其转向只能采用差速转向或转向轮转向的方式。差速转速即控制左右两个驱动轮的转速，使车身发生侧偏，从而实现转向。转向轮转向通过改变转向轮的侧偏角，使其产生一个侧向力和横摆力矩，从而改变车身姿态实现转向。这两种转向方式下，非转向轮承受与地面侧向的滑动摩擦，会对轮胎造成较大的磨损，影响轮胎使用寿命，并导致机器人的运行稳定性风险。同时，两种转向方式的转弯半径较大，在路面狭窄、弯度较大等情况下难以通过。

（3）四轮八驱方式。主流厂家的室外巡检机器人采用四轮八驱方式，每个车轮的驱动电机和转向电机均为独立控制，可实现原地转弯以及任意时刻任意方向的行走，对路面状况的适应性更强。

巡检机器人采用先进的主动式防跌落控制技术，本技术采用激光测距传感器，良好地抑制环境光影响，进行精确稳定测量。激光测距传感器使用矩阵式布局，最大程度地缩小检测盲区，有效检测机器人巡检任务过程中路径周围的台阶落差路况。控制系统实时采集传感器距离信息，通过结合距离信息反馈和传感器光路角度信息，计算路径周围台阶落差。当计算落差大于巡检机器人能正常通过阈值时，控制系统及时控制机器人驱动系统做出响应，避免机器人发生跌落翻车事故。

第二节　机 器 人 使 用

一、机器人系统启停介绍

1. 开机操作

正常情况下，按机器人总控制开关，机体 LED 显示屏上显示电压值后，机器人系统便正常开启；异常情况，例如现场突发状况，工作人员将机器人急停按钮按下后，直接按总控制开关无法让机器人开机，需将急停按钮顺时针旋转直至急停按钮弹起后，机器人方可正常情况下开机。

2. 关机操作

正常情况下，机器人原本处于开机状态，只要再按一下总控制开关按钮，LED 显示屏上电压数值熄灭，机器人系统便关机了；遇到紧急情况还可以直接拍下机器人外壳尾部的红色急停按钮，机器人便会立即关机。

二、机器人充电

1. 自动充电

接通充电箱的电源，充电箱上数码管显示出输出电压及输出电流。开启自主充电模式后，机器人上的充电桩将会伸出。充电机构伸出到位后，充电箱将显示充电电流。

2. 手动充电

打开操作面板上的亚克力保护板，悬下手动充电口保护盖。将手动充电线一端接到机器人手动充电口，另一端接到充电座上。此时充电的指示灯显示为红色，并发出“嗡嗡”的充电声，说明机器人充电成功。

3. 机器人报警

机器人有异常时，报警指示灯显示为黄色。

4. 机器人遥控使用方法

遥控界面的主要功能是控制机器人进行手动巡检。可以根据需求遥控机器人到指定地点，对特定的设备进行巡检，并且可以保存该设备的高清和红外图像及视频。

该界面与实时监控界面相似，由可见光视频、红外视频、电子地图、雷达、车体控制、云台控制、模式切换控件组成。

5. 机器人报警

主要展示巡检过程中的各种报警事项，展现详细的报警内容等。典型的报警信息如图 3-2 所示。

巡检数据 事项 报警信息

序号	时间	设备名称	报警类型	报警数值	报警级别	报警内...	确认状态
1	2015-11-09 13:54:06	测试三相刀闸A相	超温报警	44.64℃	—	[超温...	未确认
2	2015-11-09 13:54:06	测试三相刀闸A相	温升报警	44.64℃	—	[温升...	未确认
3	2015-11-09 13:54:18	测试三相刀闸B相	超温报警	29.81℃	—	[超温...	未确认
4	2015-11-09 13:54:18	测试三相刀闸B相	温升报警	29.81℃	—	[温升...	未确认

图 3-2 报警信息

操作中，可以进行以下操作：

（1）详细信息：展示该报警信息的明细。

（2）确认和全部确认：更新选中项和所有报警项的确认状态。

（3）停止声音报警：停止报警的语音提示。

（4）导航到高级查询界面，查询出与选中项相关的巡检数据。

（5）将报警设备加到右侧关注设备列表。

投运天数展示系统运行的天数。在系统配置中可设置投运开始计算日期。报警总数为系统中未确认的所有报警个数。点击报警总数显示的数字，可打开报警查询。

报警信息可进行筛选，点击右侧的筛选按钮，展开告警等级、告警分类、设备名称等筛选项。筛选有四类：①按照确认状态筛选，确认状态分为未确认、已确认；②按照告警等级筛选，告警等级分为一般缺陷、严重缺陷和危缺陷；③按照报警分类筛选，报警分类分为超温报警、温升报警、三相对比报警、三相温差报警、仪表越限报警、仪表超量程报警；④按照设备类型和设备名称报警。上述筛选可进行任意组合。典型的报警信息查询如图 3-3 所示。

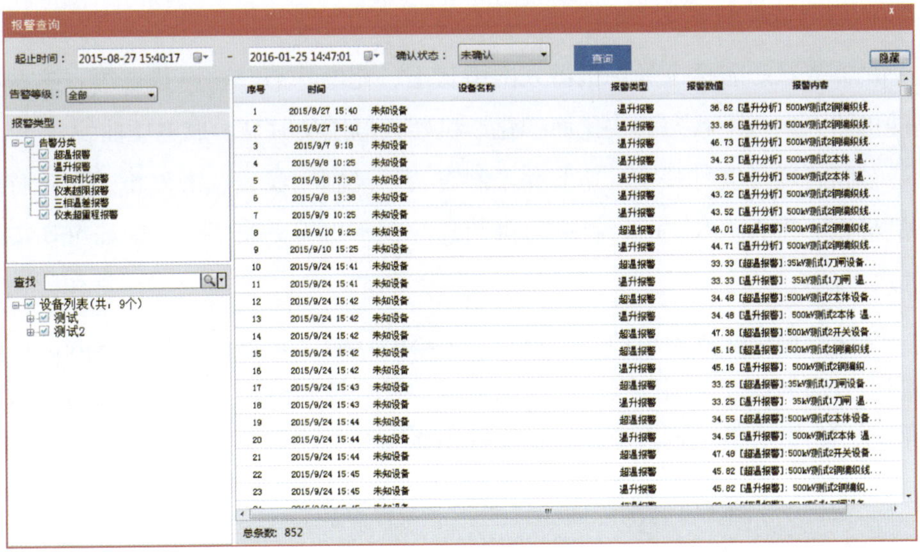

图 3-3　报警详细信息

三、机器人遥控器使用方法

控制平台包括对机器人、视频的控制以及机器人设备状态的显示，如图3-4所示。

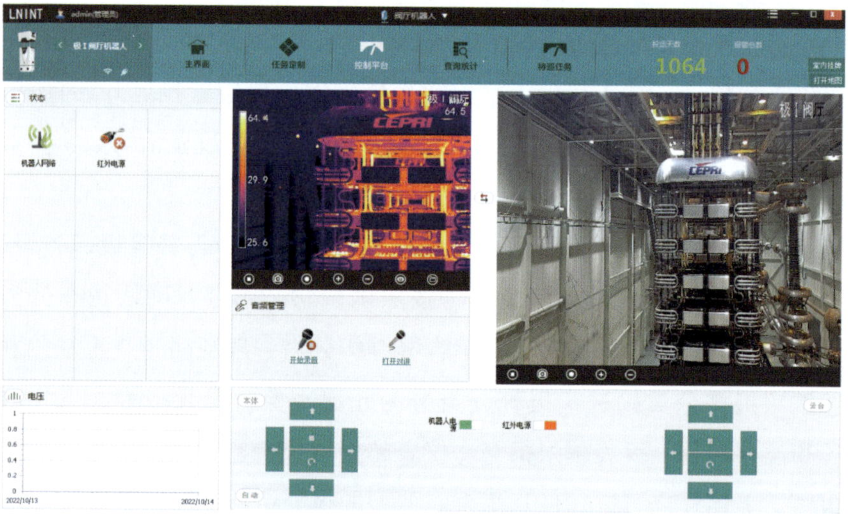

图 3-4　报警详细信息

机器人状态包括电量、机器人网络状态、充电状态、超声状态等，这些状态随机器人运行中状态的变化而变化，机器人电压实时显示成电压曲线。

音频管理可以打开录音功能并录制声音，录制完成，点击停止录音；打开对讲状态，当为全双工时，打开对讲图标灰化，当为半双工时，图标可切换为听或者说模式。

本体控制主要分为运动和云台，其中运动控制主要包括对机器人的前后左右四个方向的运动控制以及车身速度设置。云台控制分为云台水平控制盒云台俯仰控制，可以通过点击中心圆形区域切换。

充电状态主要为控制机器人充电或者停止充电；超声状态则控制开关超声；雨刷状态可以控制打开或者关闭雨刷；红外电源可以打开或关闭红外电源；驱鸟器可以控制打开或者关闭驱鸟器，开关在左侧为打开驱鸟器，在右侧为关闭驱鸟器；视频控制可以显示可见光和红外的实时视频，并可对其进行抓图等控制，与主界面的视频控制功能一致。

第三节 常用注意事项

一、状态显示

任务状态信息区域的显示包括任务状态、任务名称、当前巡检点、已巡检点数，其中任务状态有正在充电、自动任务、手动控制、返回充电房。机器人本体状态信息区域的显示包括当前位置、机内温度、电池电流、机器人速度、云台水平位置、云台垂直位置以及相机当前倍数。

二、消息显示

（1）消息提示栏包括实时消息、监控点报警、机器人本体报警消息三个标签。

（2）监控点报警栏显示任务中最新出现报警的监控点名称、报警值，只能显示最近 10 条报警信息。

（3）机器人本体报警栏可以看到机器人本体最新的报警消息，可以实时了解机器人本体的运行状态。

三、任务列表显示

在任务列表中，可以查看后台存储的任务信息，包括任务名称、任务类型、巡检数等，选中需要执行的任务，点击“操作”项下对应的“运行”按钮就能下发巡检任务，列表中不允许删除任务。

四、特巡任务

特巡任务是指在需要特别巡视的地点或者时间点下进行手动巡检的任务，通过机器人遥控器可以建立巡检任务。

（1）点击“特巡任务”菜单后，界面会弹出“特巡任务建立”窗口，显示巡检点列表。

（2）在设备列表中选中需要进行特殊巡视的巡检点。

1）执行方式处选择“立即执行”点击“确认”按钮，机器人会立即执行巡检任务。

2）执行方式处选择“定时执行”，并设定任务执行时间，机器人会按照设定的时间执行巡检任务。

五、不可使用机器人的场合

不可使用机器人的场合有燃烧的环境、腐蚀性液体或气体环境、有爆炸可能的环境、水中或其他液体中、无线电干扰环境中、振动或有冲击场所、可能与设备或杂物碰撞的潜在危险区。

六、安全注意事项

（1）使用前需先检查智能机器人外部设备是否固定牢固，若有松动，需及时紧固。

（2）预先确认智能机器人巡检路线不受外物干涉，若巡检过程中有障碍物阻碍机器人运动，需工作人员清理障碍物。

（3）操作人员须熟悉智能机器人各类开关位置以及机器人状态指示，以便及时判断机器人故障及关断电源。

（4）注意智能机器人本地监控后台客户端各类参数变化及报警提示，以便及时采取相应措施。

（5）当智能机器人发生故障时应立即将电源断开，并停止作业，派专人进行修理调整。

（6）智能机器人在运行过程中，工作人员应与巡检机器人保持一定距离，以免故障时造成人身伤害。

（7）定期对智能激光巡检机器人外部设备进行检查，以防机械变形、松动或设备损坏影响正常运行。

（8）定期对智能机器人巡检导航路线及充电房进行维护和清洁，清除巡检路线周围杂物。

（9）检修或不适用智能激光巡检机器人时，应及时关断电源。

（10）不允许将智能激光巡检机器人运用于其他任何用途，包括运送物品等。

（11）避免将重物或操作工具等放置在机器人表面。

（12）避免踩踏及其他人为破坏对机器人结构造成损坏。

（13）防止异物进入机内并勿让腐蚀性液体溅到机内，以防出现危险。

（14）不要在易燃易爆的危险区域存储和使用。

（15）若机器人发出不正常的气味或烟雾，应立即停止使用，并切断电源。

（16）由于拆开机器人，可能导致触电或其他危险，请不要试图自行维修。

（17）更换配件时，请使用标准配件。

（18）运输、保存过程中，应防止重压，剧烈振动和浸水，否则会造成设备的损坏。

第四章　后　台　系　统

智能巡检机器人客户端软件的作用是让用户能更方便地使用智能巡检机器人。该软件人机界面友好、操作方便、信息显示清晰直观，并且具有一系列强大的功能，包括编辑实时或定时巡检计划、下发巡检任务、监控巡检过程、形成巡检报表、查看历史巡检数据、远程遥控巡检机器人等。

第一节　后 台 系 统 构 成

待机器人连接成功后主界面将出现可见光图像、红外图像以及电子地图。可以放大缩小电子地图（鼠标中间滑轮滚动操作），以便清楚地观察机器人行动的路径和位置，并且可以查看相应位置的设备，双击节点会显示相应的巡视区域内的数量和名称，系统主界面如图 4-1 所示。

主界面右侧主要有实时监控、远程遥控和充电房控制等部分内容，点击右

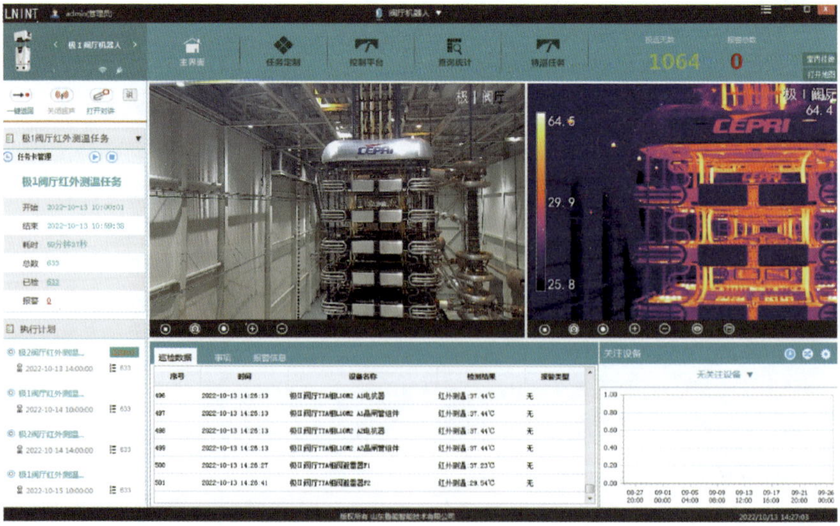

图 4-1　系统主界面图（一）

图 4-1　系统主界面图（二）

下角的按钮可以进行切换。

实时监控显示了微气象、机器人、充电房以及巡检的相关信息，其中双击巡检完成的设备名称则能查看相应设备的详细记录，远程遥控可以在室内控制室外机器人云台的转向和相关辅助功能的操作。实时监控图和远程遥控图分别如图 4-2 和图 4-3 所示。

图 4-2　实时监控图

图 4-3 远程遥控图

第二节 后台系统操作

下位机软件是指安装在智能巡检机器人工控机内的程序集，可以通过客户端软件实时监控界面中“下位机软件”栏中对下位机软件进行操作，如图 4-4 所示。点击图 4-4 中红框所示的【打开】按钮启动下位机软件的所有程序，其他按钮的作用不一一举例。

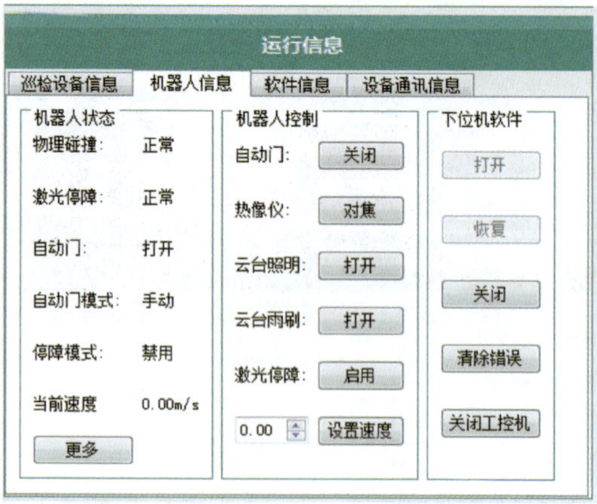

图 4-4 打开车载软件

当下位机软件出现报错时，客户端会发出警报声，可以通过点击上图蓝框中的【更多】按钮查看下位机软件的运行情况，如图 4-5 所示。当出现报错的程序状态栏底色显示红色，可以通过点击【清除错误】和【恢复】按钮重启报错的程序。

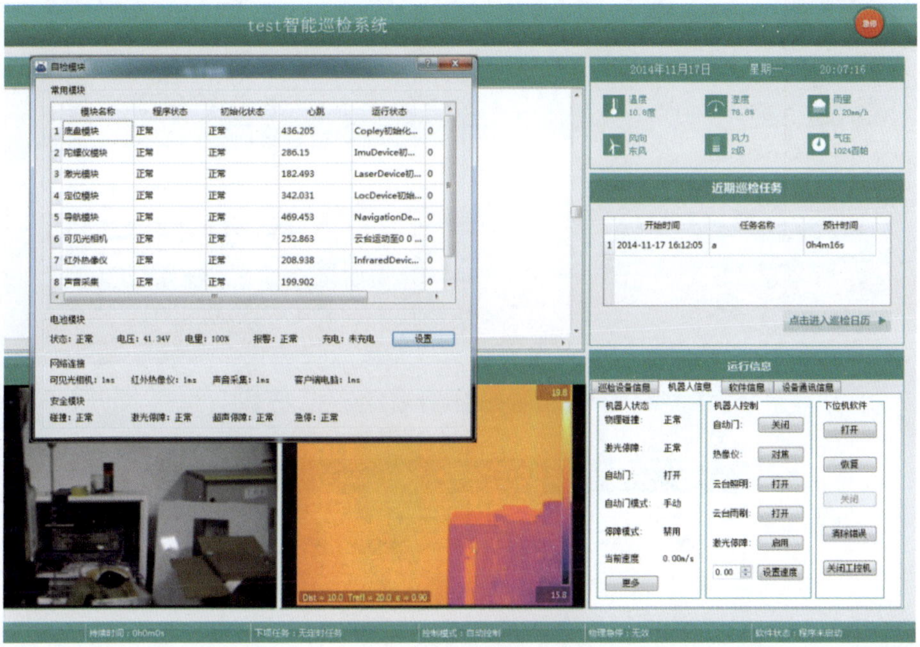

图 4-5　下位机软件状态

一、巡检计划界面

巡检计划界面的主要功能是编辑巡检任务、制定巡检计划、下发常规巡检任务和查看巡检任务，如图 4-6 所示，该界面主要包括任务安排和任务编辑两大部分。

1. 任务安排

任务安排控件是一个日历信息的控件，主要功能是显示日历上的每一天所有与巡检任务相关的信息，包括当日已经完成的巡检任务、正在执行的巡检任务和当日的定时巡检计划，其工作界面如图 4-7 所示。该控件还提供定时任务安排的功能，可以按照需求制定重复的巡检计划（如每几小时巡检一次，每几天巡检一次，每周几巡检一次，每月哪几号巡检一次等）。

图 4-6 巡检计划界面

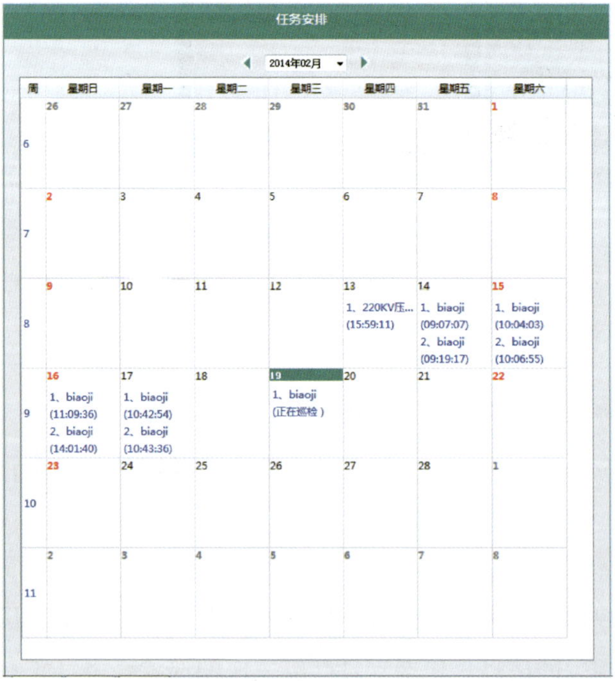

图 4-7 任务安排

2. 任务编辑

任务编辑控件的主要功能是为机器人编辑和下发巡检任务。依据需求在设备树中勾选一些设备，并将这些设备保存为一个任务，通过下发该任务来控制机器人进行巡检，其工作界面如图 4-8 所示。

为了方便用户勾选设备，该控件提供了设备分类查询功能，可以分别根据设备区域、巡检类型和设备类型对设备进行查询。同时，该控件还提供了模糊搜索功能，可以通过输入关键字，在设备列表中查询到相关设备。

图 4-8　任务编辑

任务列表：显示已保存的任务清单。

任务组态：定义要保存的任务的名称和结束动作，显示该任务需巡检的设备数量。

二、远程遥控界面

远程遥控界面的主要功能是控制机器人进行手动巡检。依据需求遥控机器人到指定地点，对特定的设备进行巡检，并且可以保存该设备的高清和红外图像及视频。该界面与实时监控界面相似，由可见光视频、红外视频、电子地图、雷达、车体控制、云台控制、模式切换控件组成，如图 4-9 所示。

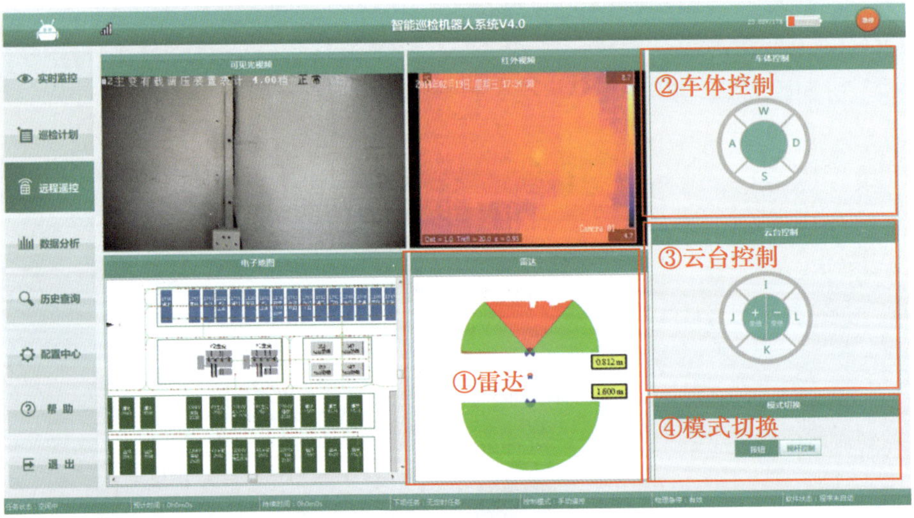

图 4-9　远程遥控界面

可见光视频、红外视频、电子地图控件的主要功能与实时监控中的基本相同，这里不再做说明。

1. 雷达

雷达控件主要的功能与汽车倒车雷达基本相同，实时显示了巡检机器人的激光信息，用来在遥控中提示机器人周围障碍物的距离，如图 4-10 所示。

2. 车体控制

车体控制的主要功能与汽车方向盘类似，通过点击控件中的不同区域来控制巡检机器人前进、后退、左转和右转。此外，该控件提供了相应的键盘遥控功能，在键盘中按住与图片中相应的字母，也可以控制机器人运动，如图 4-11 所示。

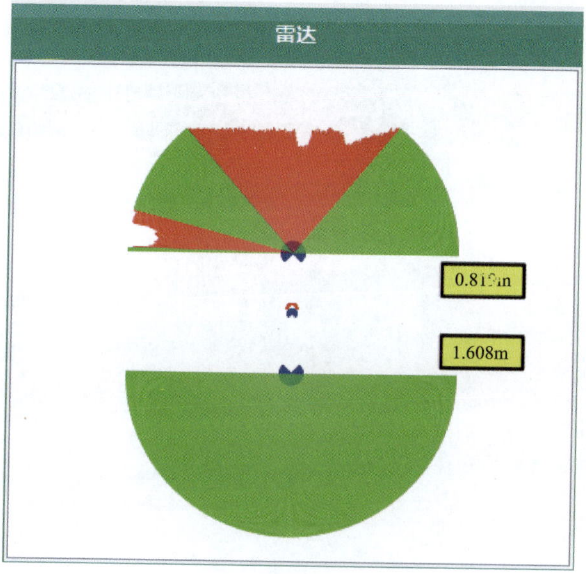

图 4-10　雷达

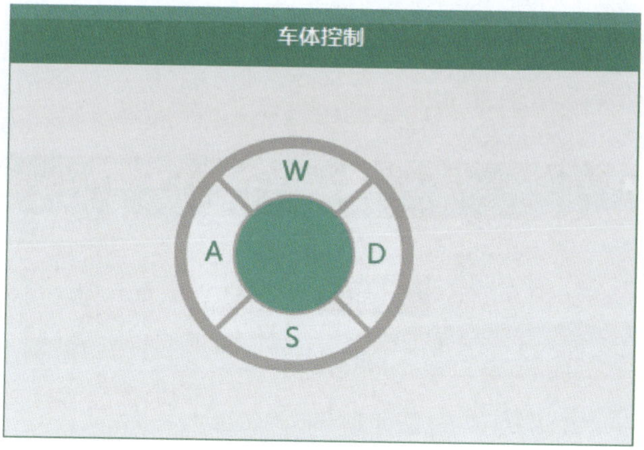

图 4-11　车体控制

W—前进；A—左转；S—后退；D—右转

3. 云台控制

云台控制控件的操作手法与车体控制的基本相同，通过鼠标点击和键盘相结合的方式实现对云台抬高、降低、左转、右转、变倍等的运动控制，如图 4-12 所示。

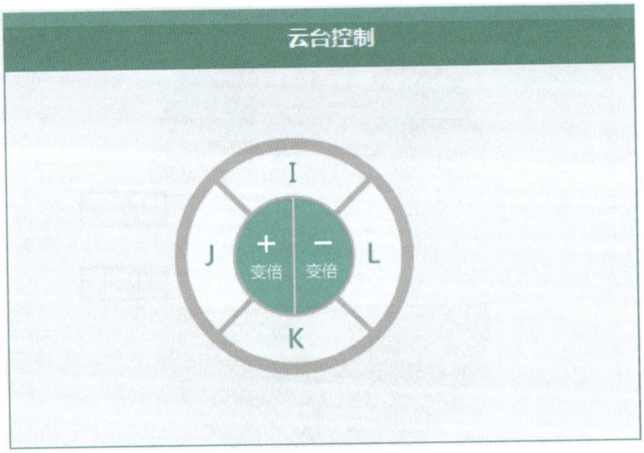

图 4-12　云台控制

I—抬高；J—左转；K—降低；L—右转

4. 模式切换

模式切换控件的主要功能是实现按钮遥控模式与摇杆遥控模式之间的切换，如图 4-13 所示。

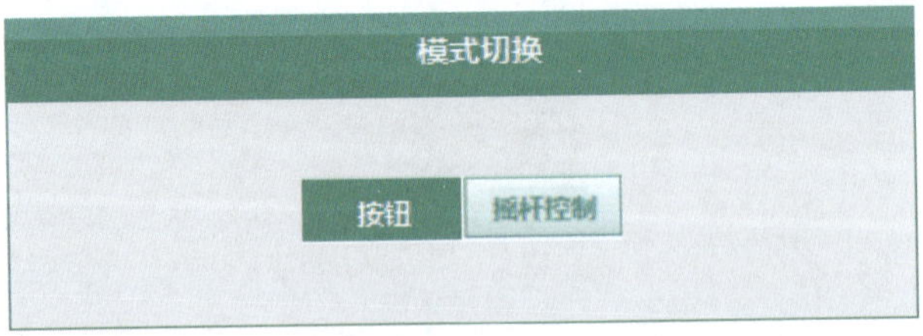

图 4-13　模式切换

三、数据分析界面

数据分析界面的主要功能是通过列表、柱状图、日历、设备地图等多元化的形式对历史巡检数据统计分析的结果进行显示。其中包括了设备统计地图、设备缺陷、巡检任务、统计数据、任务日历、运行统计等部分，如图 4-14 所示。

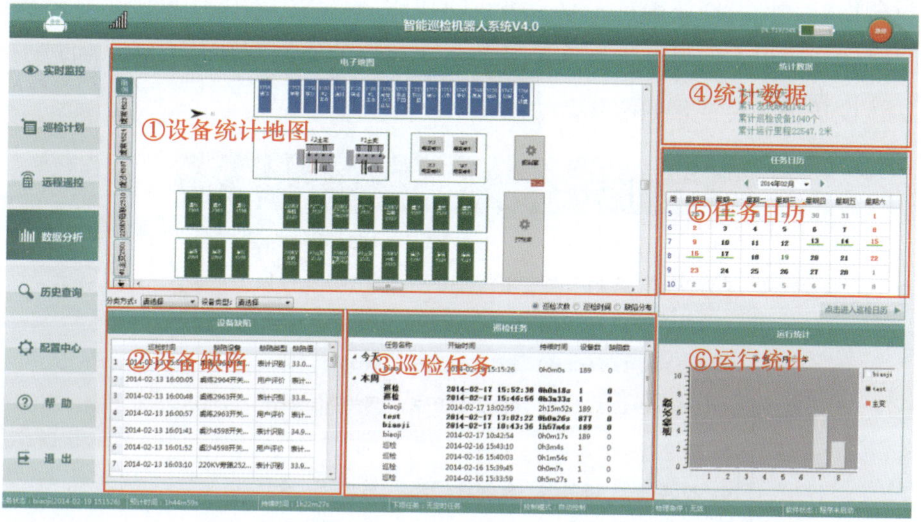

图 4-14　数据分析界面

1. 设备统计地图

设备统计地图控件的主要功能是，在地图中图形化地显示每个设备得统计信息，包括总的巡检次数、总的异常次数以及最近的一次巡检时间，如图 4-15 所示。

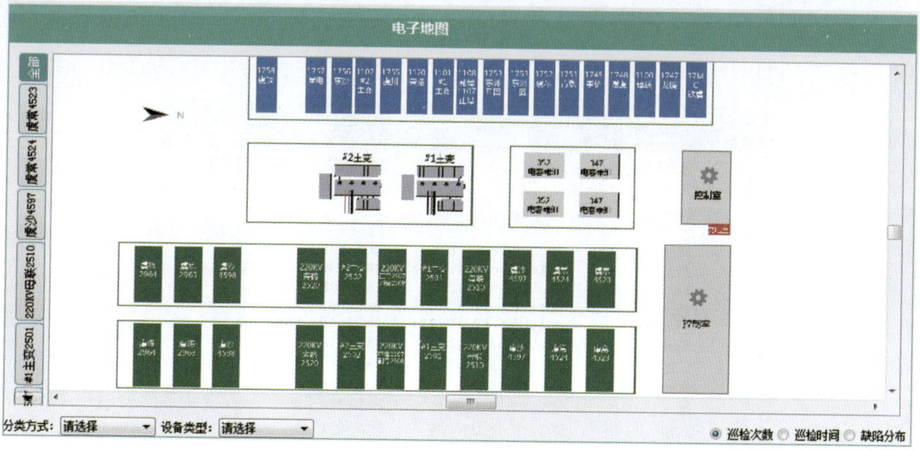

图 4-15　设备统计地图控件

2. 设备缺陷

设备缺陷控件的功能是，集中显示在最近的巡检任务中巡检结果存在异常的设备信息。该控件还提供了双击跳转的功能，双击列表中任意一条感兴趣的信息跳转到历史查询界面，查询该设备该次巡检的详细图片信息，从而进一步确认该设备是否异常，如图 4-16 所示。

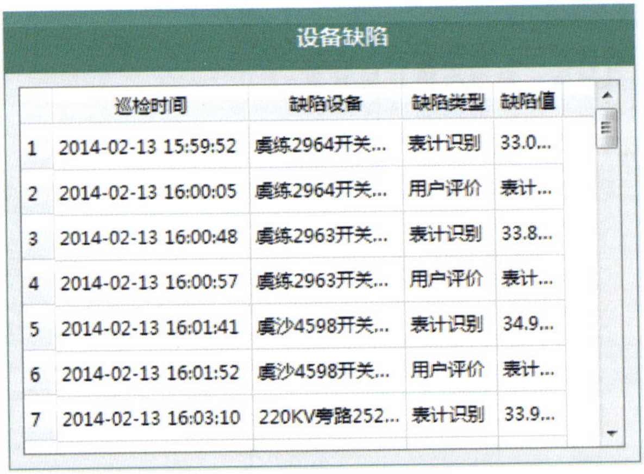
设备缺陷

	巡检时间	缺陷设备	缺陷类型	缺陷值
1	2014-02-13 15:59:52	虞练2964开关...	表计识别	33.0...
2	2014-02-13 16:00:05	虞练2964开关...	用户评价	表计...
3	2014-02-13 16:00:48	虞练2963开关...	表计识别	33.8...
4	2014-02-13 16:00:57	虞练2963开关...	用户评价	表计...
5	2014-02-13 16:01:41	虞沙4598开关...	表计识别	34.9...
6	2014-02-13 16:01:52	虞沙4598开关...	用户评价	表计...
7	2014-02-13 16:03:10	220KV旁路252...	表计识别	33.9...

图 4-16　设备缺陷控件

3. 巡检任务

巡检任务控件的主要功能是，根据时间顺序显示已完成的巡检任务的任务列表以及一些基本信息。该控件还提供了双击跳转的功能，双击列表中任意一条感兴趣的信息可跳转到历史查询界面，从而可以进一步的查看该次巡检任务中所有设备的具体巡检信息，如图 4-17 所示。

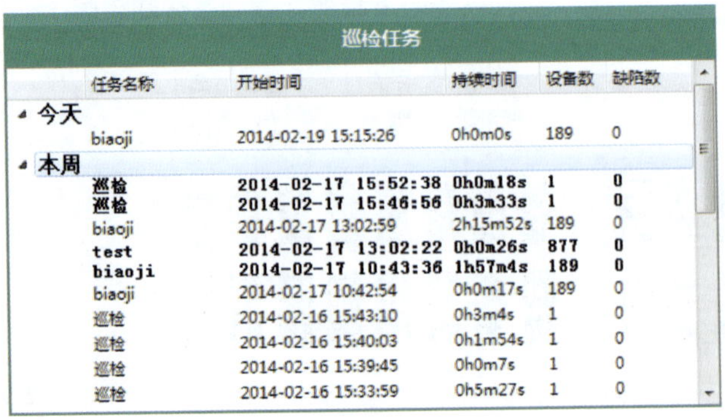
巡检任务

任务名称	开始时间	持续时间	设备数	缺陷数
今天				
biaoji	2014-02-19 15:15:26	0h0m0s	189	0
本周				
巡检	2014-02-17 15:52:38	0h0m18s	1	0
巡检	2014-02-17 15:46:56	0h3m33s	1	0
biaoji	2014-02-17 13:02:59	2h15m52s	189	0
test	2014-02-17 13:02:22	0h0m26s	877	0
biaoji	2014-02-17 10:43:36	1h57m4s	189	0
biaoji	2014-02-17 10:42:54	0h0m17s	189	0
巡检	2014-02-16 15:43:10	0h3m4s	1	0
巡检	2014-02-16 15:40:03	0h1m54s	1	0
巡检	2014-02-16 15:39:45	0h0m7s	1	0
巡检	2014-02-16 15:33:59	0h5m27s	1	0

图 4-17　巡检任务控件

4. 统计数据

统计数据控件的主要作用是显示巡检机器人总体的运行数据，如图 4-18 所示。

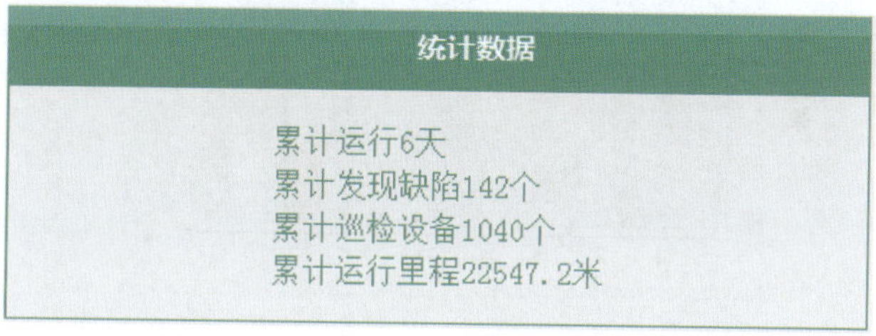

图 4-18　统计数据控件

5. 任务日历

任务日历控件的主要功能是，通过日历的形式，从时间的维度显示某天是否进行过巡检，巡检结果如何以及某天是否有定时的巡检计划。点击【进入巡检日历】按钮可以跳转到巡检计划界面，查看具体的巡检计划，如图 4-19 所示。

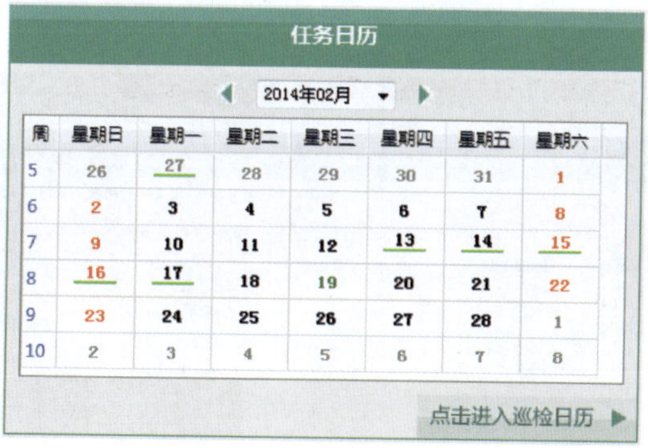

图 4-19　任务日历控件

颜色解释：绿色长条表示当天进行过巡检且巡检结果都正常。红色长条表示当天进行过巡检且巡检结果存在异常。蓝色长条表示当天有定时的巡检计划。

6. 运行统计

运行统计控件以柱状图的形式统计显示了某个巡检任务，在某个时间段内累计的巡检次数，如图 4-20 所示。

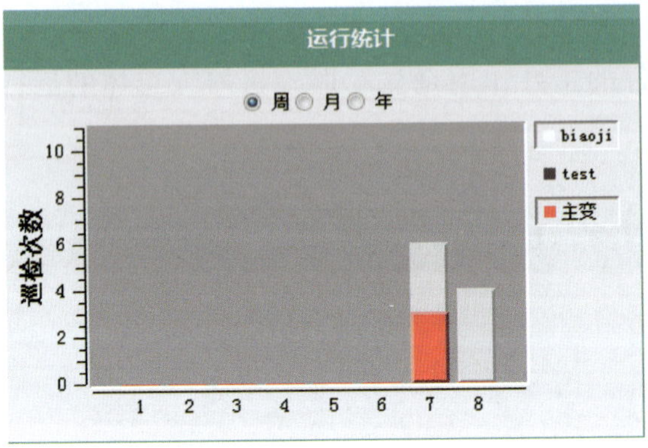

图 4-20　运行统计

四、历史查询界面

历史查询界面分为两部分，分别对应两种查询方式：根据巡检任务进行查询、根据设备列表进行查询。

根据巡检任务进行查询界面按时间顺序进行分类，显示了所有已经完成的巡检任务信息，通过双击任意一条任务可以进入详细查询界面，查看本次任务所有设备的详细巡检情况，如图 4-21 所示。

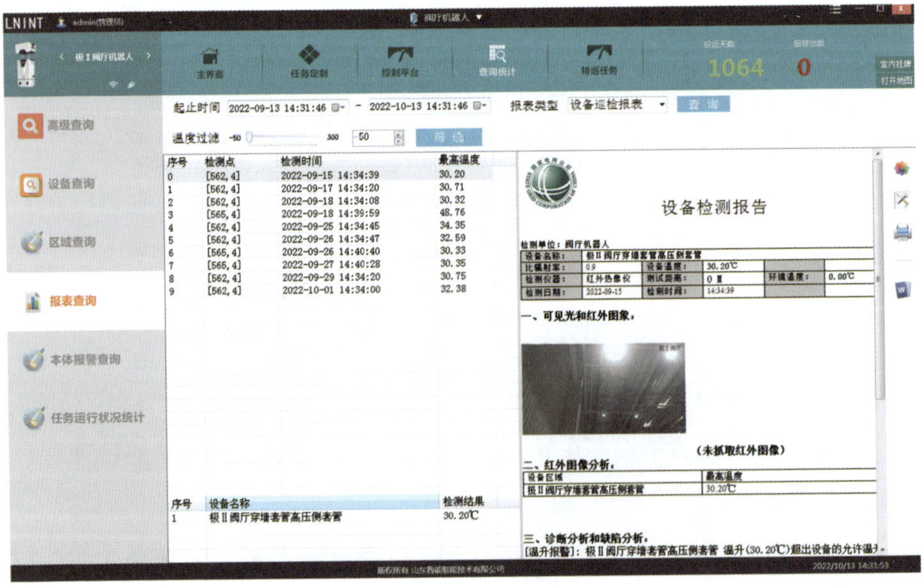

图 4-21　报表查询界面

根据设备列表查询则采用了另一种模式，可以通过在设备树中勾选设备来查询该设备的所有的巡检信息。

1. 设备选择

设备选择控件提供设备树和被勾选设备的简单信息，可以通过点击设备清单中的某条信息，进一步地查看该设备的详细巡检信息。同时，该控件还提供列表导出功能，能将列表中显示的所有信息导出成文档，方便发送，如图 4-22 所示。

设备选择

设备清单

	设备名称	巡检时间	巡检值	状态
132	#1主变110kV侧避雷器A相动作次数表	2014-02-19 16:39:33	0次	正常
133	#1主变110kV侧避雷器A相泄漏电流表	2014-02-19 16:39:48	0.90mA	正常
134	#1主变110kV侧避雷器B相动作次数表	2014-02-19 16:40:04	0次	正常
135	#1主变110kV侧避雷器B相泄漏电流表	2014-02-19 16:40:14	0.90mA	正常
136	1101#1主变开关SF_6压力表	2014-02-19 16:40:26	0.55MPa	正常
137	#1主变110kV侧避雷器C相动作次数表	2014-02-19 16:40:47	0次	正常
138	#1主变110kV侧避雷器C相泄漏电流表	2014-02-19 16:41:01	0.90mA	正常
139	1754东郊II回线开关SF_6压力表	2014-02-19 16:41:48	0.51MPa	正常
140	1753东郊I回线开关SF_6压力表	2014-02-19 16:42:25	0.50MPa	正常
141	1752虞琴线开关SF_6压力表	2014-02-19 16:42:58	0.50MPa	正常
142	1751青墩线开关SF_6压力表	2014-02-19 16:43:30	0.50MPa	正常
143	347IA组电容器C相温度计	2014-02-19 16:43:59	23.83℃	正常
144	1749李桥线开关SF_6压力表	2014-02-19 16:44:19	0.51MPa	正常
145	1748谢虞线开关SF_6压力表	2014-02-19 16:44:56	0.50MPa	正常
146	1100母联开关SF_6压力表	2014-02-19 16:45:27	0.51MPa	正常
147	1747龙腾线开关SF_6压力表	2014-02-19 16:46:04	0.52MPa	正常
148	17MC铁虞线开关SF_6压力表	2014-02-19 16:46:36	0.51MPa	正常

导出

图 4-22　设备选择

2. 设备基本信息

设备基本信息显示了设备的名称、类型、巡检时间等一些基本的信息，如图 4-23 所示。

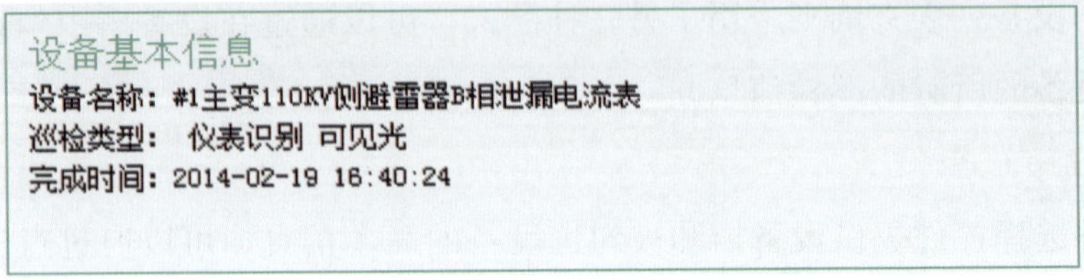

图 4-23　设备基本信息

（1）设备详细信息。详细设备信息控件能根据不同的设备类型，显示该设备详细的巡检信息，各类型设备如图 4-24～图 4-27 所示。

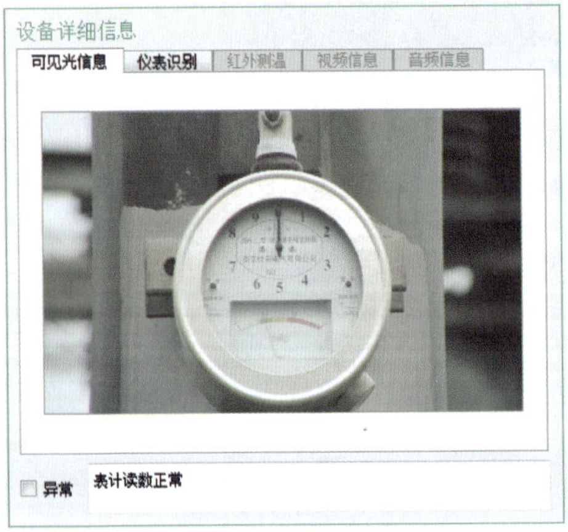

图 4-24　可见光设备

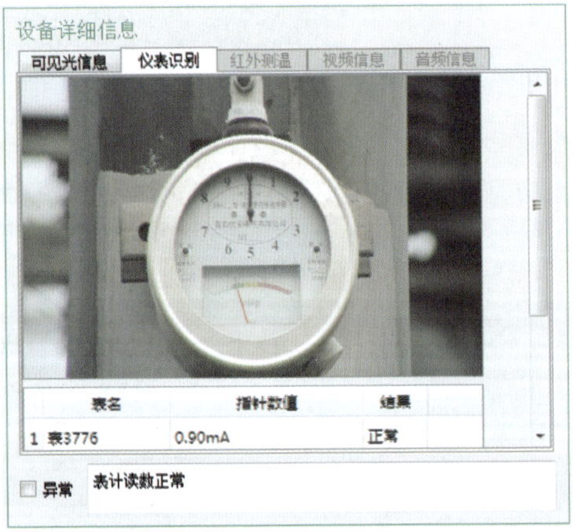

图 4-25　仪表识别设备

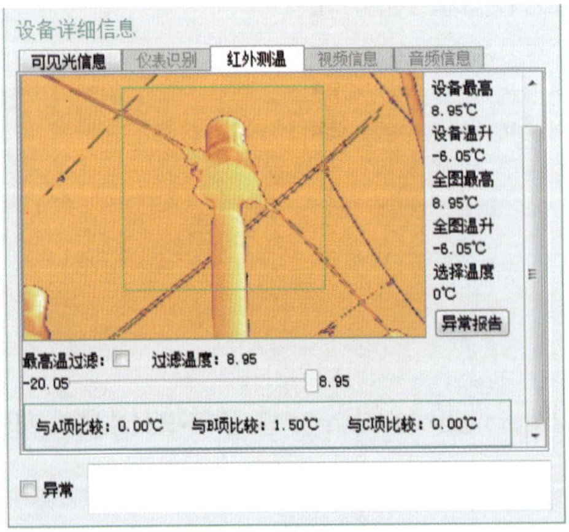

图 4-26　红外测温设备

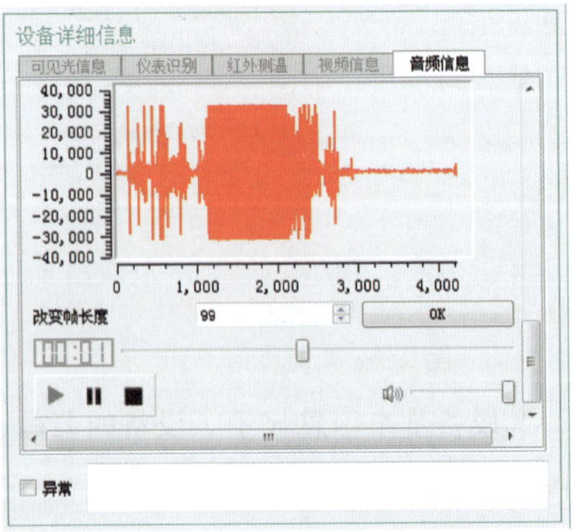

图 4-27　声音采集设备

（2）缺陷。缺陷控件显示了系统对设备分析的异常结果，可以通过人工确认重新修改异常状况，如图 4-28 所示。

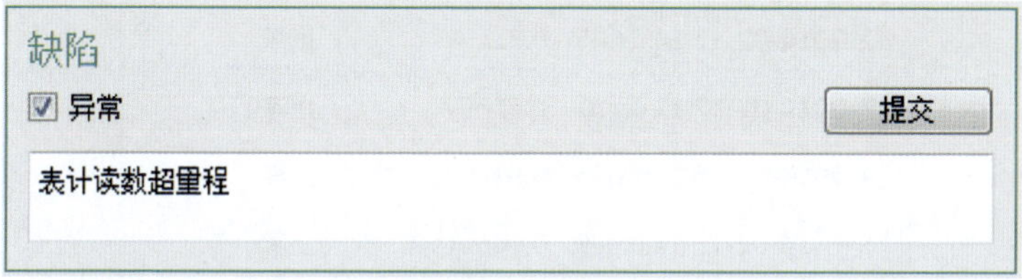

图 4-28　缺陷

（3）历史曲线。历史曲线控件将某个设备历史的巡检数据绘制成一条曲线，能更好地观察该设备一段时间内运行的状态是否稳定，如图 4-29 所示。

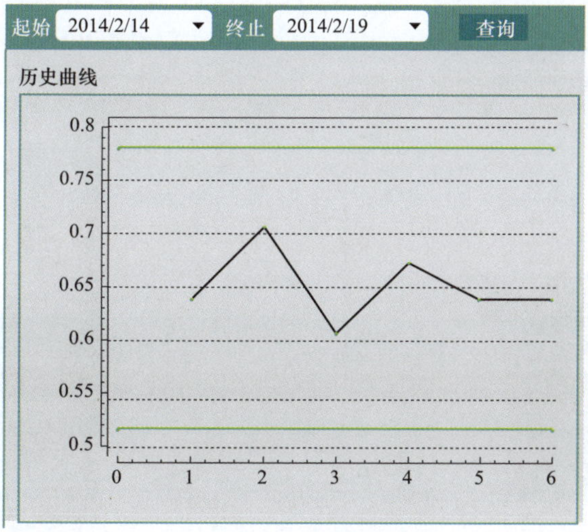

图 4-29　历史曲线

（4）历史数据。历史数列表显示了某个设备所有的巡检记录，点击任意一条记录就能在主窗体中显示相应的详细信息，如图 4-30 所示。

此外，点击详细历史按钮，进入如图 4-31 界面，出现所有图片，可以快速比较所有历史图片。

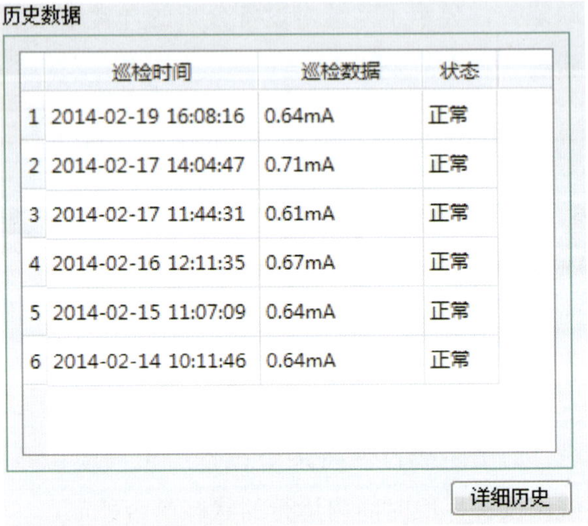

	巡检时间	巡检数据	状态
1	2014-02-19 16:08:16	0.64mA	正常
2	2014-02-17 14:04:47	0.71mA	正常
3	2014-02-17 11:44:31	0.61mA	正常
4	2014-02-16 12:11:35	0.67mA	正常
5	2014-02-15 11:07:09	0.64mA	正常
6	2014-02-14 10:11:46	0.64mA	正常

图 4-30　历史数据

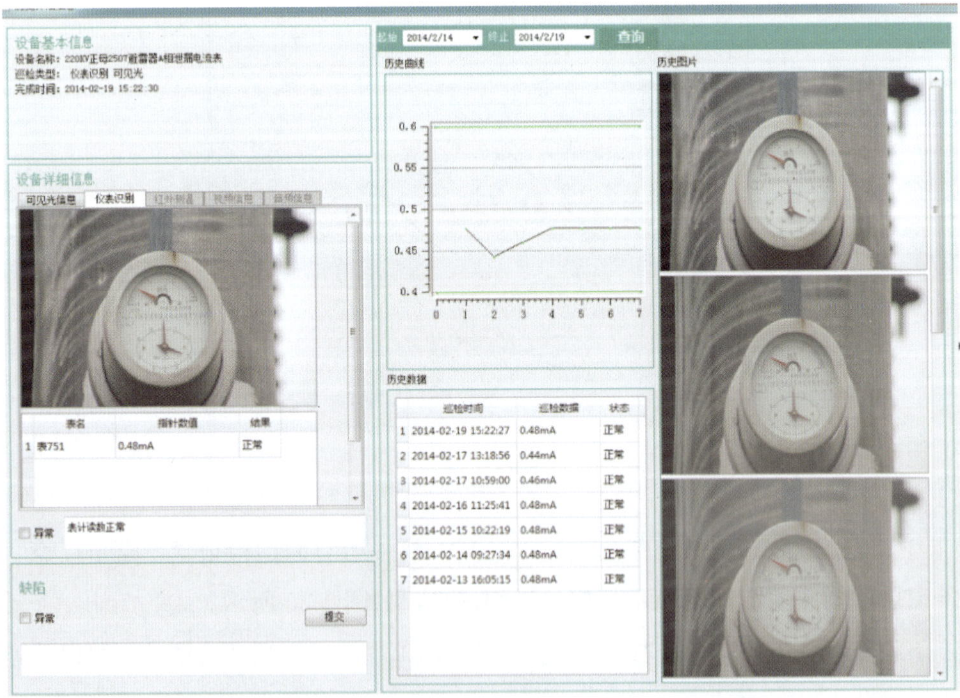

图 4-31　详细历史

五、系统启动方法

按下机器人本体电源开关，开关亮红灯，机器人即启动。在后台电脑登录机器人程序，完成机器人系统启动。

六、用户登录、 退出

双击机器人启动程序进入机器人 IP 选择界面点击连接，完成登陆，点击主菜单栏【退出】即完成退出，如图 4-32 所示。

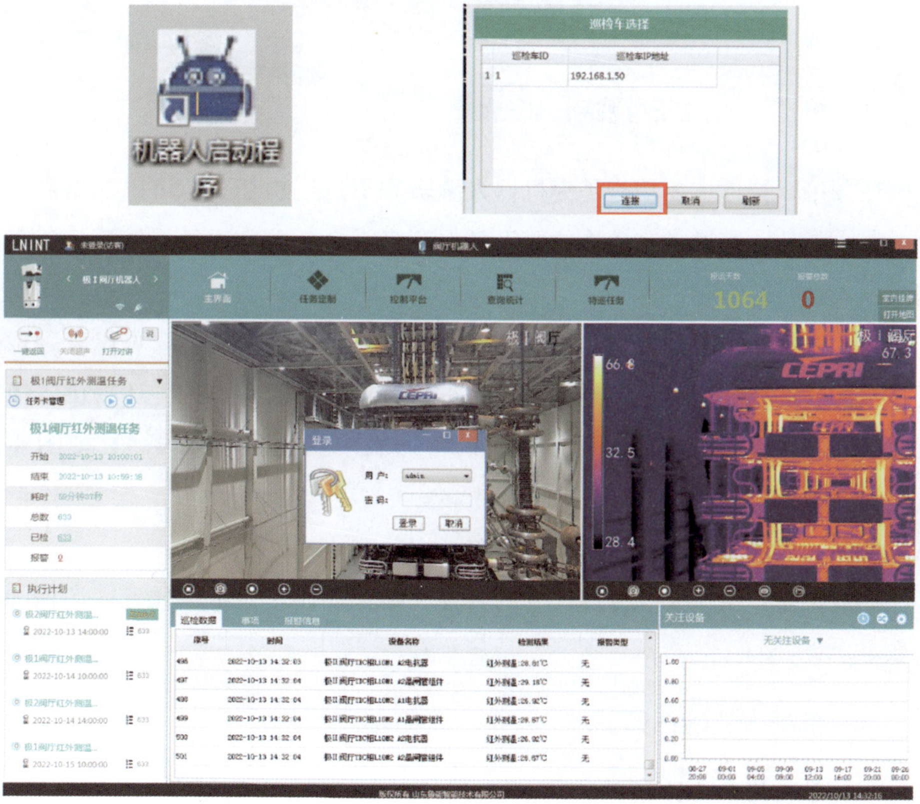

图 4-32 用户登录、退出界面

七、机器人连接

进入主界面后点击右下方机器人信息，点击打开下位机软件后会弹窗“程序正在打开”，等待 1～2min 会弹窗【程序启动完成】，即完成连接。当主界面上方显示信号标识即电量标识时即表示处于连接状态，如图 4-33 所示。

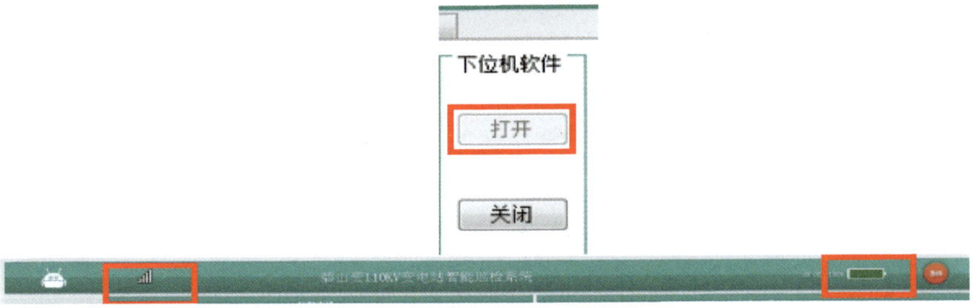

图 4-33　机器人连接界面

八、机器人巡检任务编制

任务编辑控件主要功能是为机器人编辑和下发巡检任务。可以根据需求在设备树中勾选一些设备，并将这些设备保存为一个任务，通过下发该任务来控制机器人进行巡检。

为了方便用户勾选设备，该控件提供了设备分类查询功能，可以分别根据设备区域、巡检类型和设备类型对设备进行查询。同时，该控件还提供了模糊搜索功能，可以通过输入关键字，在设备列表中查询到相关设备，如图 4-34 所示。

任务列表：显示已保存的任务清单。

任务组态：定义要保存的任务的名称和结束动作，显示该任务需巡检的设备数量。

九、机器人巡检任务下发

主菜单选择巡检计划界面，在任务类型列表中选中需要发送的任务名称，点击开始巡检，机器人开始执行选中任务。

十、机器人巡检任务取消

在主菜单选择巡检计划界面，点击取消巡检，机器人取消正在执行的任务。

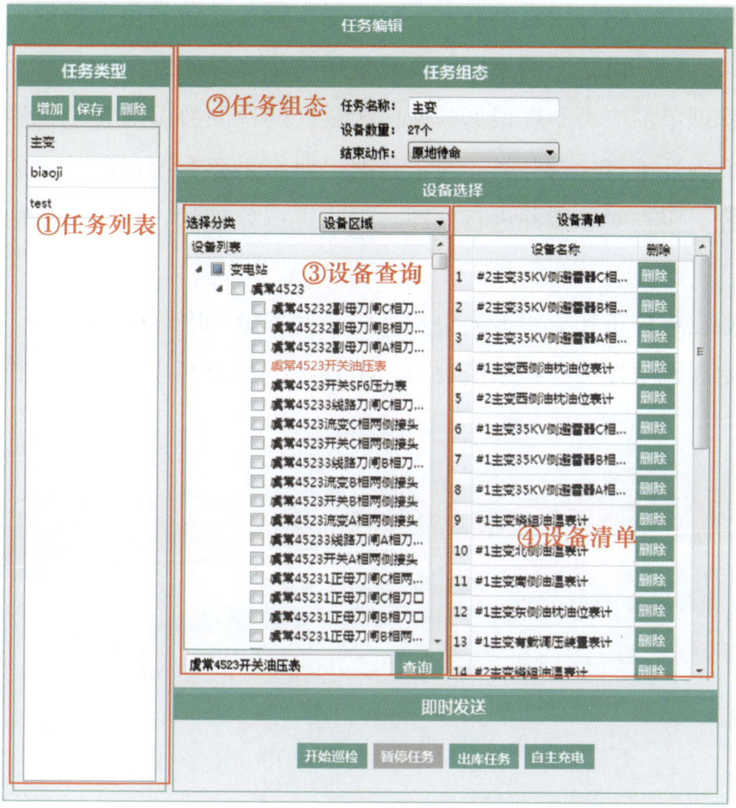

图 4-34　任务编辑

第三节　常 用 注 意 事 项

机器人巡检后，运维人员应查看、分析、处理变电站智能机器人巡检系统的巡检数据，包括红外测温结果、仪表检测结果、设备报警记录、任务报表等。智能巡检机器人巡视结果异常时，应立即安排人员进行现场核实。

运维管理单位负责对智能机器人巡检系统的巡检数据进行管理和分析，包括被检测设备运行状态的检测跟踪、检测数据的查看和分析等。

检修单位负责协助运维人员对检测数据进行比对、分析和处理，若数据比对发现异常时，应采用其他可靠的检测方式进行确认。

运维管理单位每月应对机器人巡检数据中同一设备的历史数据、同类设备的实时数据、同一设备不同相别的实时数据进行比对分析。

运维管理单位应每季度根据其他检测装置的检测数据对智能机器人巡检系统的数据准确性进行比对分析。对于数据比对结果存在明显的差异的智能机器人巡检系统，应查明原因并进行处理。无法进行处理的，应及时反馈厂家协助处理。

巡检数据维护工作应由专人负责，每季度备份一次巡检数据。

变电站智能机器人巡检系统视频、图片数据保存至少 3 个月，其他数据长期保存。

第五章　智能巡检机器人检测技术

检测系统是巡检机器人的重要组成部分，检测系统可采用可见光、红外、紫外和声音等传感器采集设备状态数据，巡检机器人可以自主完成设备的巡检任务，对变电站设备自主进行图像信息采集、智能分析与诊断，及时发现变电站设备的故障与缺陷，实时在线监控设备的运行状态，保证设备的正常运行。同时，需要考虑巡检机器人巡检作业精度和对设备的识别准确性。

第一节　红　外　检　测

一、红外测温原理

红外波段根据波长范围可分为：远红外（15～1000μm）、长波红外（8～15μm）、中波红外（3～8μm）、短波红外（1.4～3μm）与近红外（0.75～1.4μm），如图 5-1 所示。因此，红外辐射的波长覆盖了可见光与微波之间的波长区域。

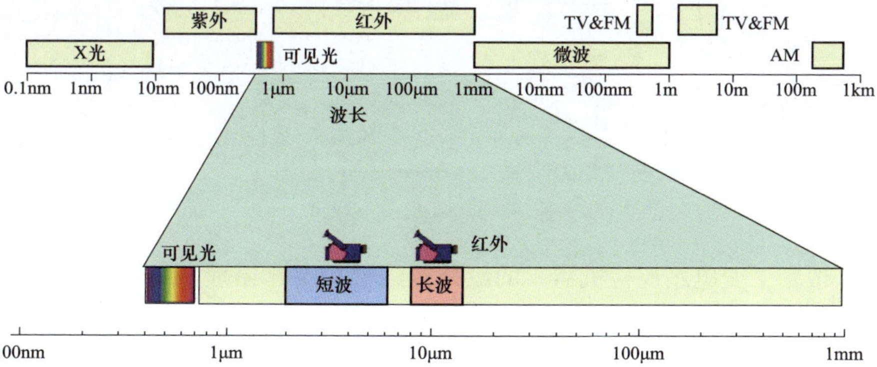

图 5-1　电磁辐射频谱图

在绝对零度之上，任何物体均能向外辐射出红外能量，这是红外测温得以实现的基础。普朗克黑体辐射定律利用光谱特征描述黑体的电磁波辐射，电磁波对外的辐射能量与其波长、温度有关，且在波长一定时，温度越高，电磁波辐射的能量越大。因此，利用普朗克黑体辐射定律，即可实现变电站设备的红外测温，表现在热成像图像上，即设备温度越高，图像上的亮度越亮。

二、仪器原理

利用红外测温的仪器一般有红外测温仪（点温仪）和红外热像仪，其中后者是当今红外检测与诊断技术所应用的最先进的仪器，分为光机扫描系统和焦平面两大类，近几年焦平面数字式红外热像仪发展迅速，克服了光机扫描系统的复杂性和不可靠性，有逐步取代光机扫描红外热像仪的趋势。焦平面红外热像仪数字式的核心元件是有数万个各自独立的半导体光电耦合器件（硅铂、碲镉汞、锑化铟等）构成的焦平面阵列集成电路。

红外热像仪可将不可见的红外辐射转换成可见的图像。物体的红外辐射经过镜头聚焦到探测器上，探测器将产生电信号，电信号经过放大并数字化到热像仪的电子处理部分，再转换成能在显示器上看到的红外图像，如图 5-2 所示。

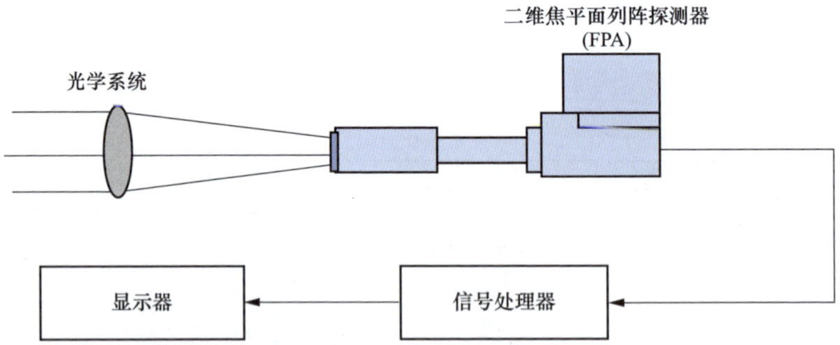

图 5-2　红外热像仪原理

一般用于变电站巡检机器人的红外热像仪的工作原理如图 5-2 所示。被测变电站设备向外发射出红外线，经光学系统接收与探测器转换，形成微弱的视频信号；经前置放大器放大，将视频信号显示在终端显示器上，呈现出整个设备区域具有温度信息的彩色图像，具体原理如图 5-3 所示。由于红外热像仪能够获取不均匀温度分布的被测设备温度信息，并可转化为三维图像。因此，在需要监测设备整体温度的使用场景下能够发挥重要作用。

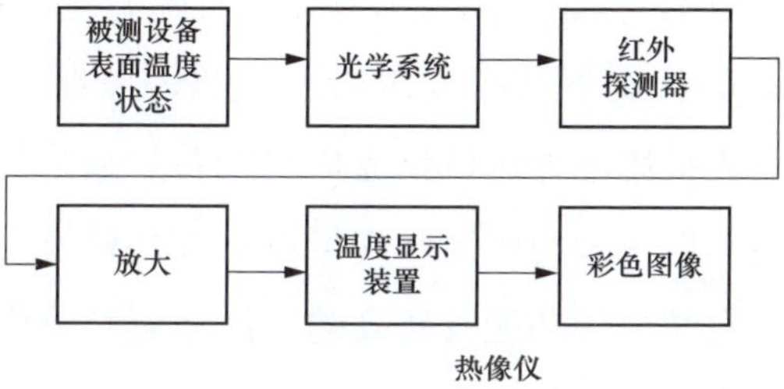

图 5-3　用于变电站巡检机器人的红外热像仪工作原理

三、变电站巡检机器人红外测温

一般变电站巡检机器人所用红外测温仪集成在云台中，与可见光视频探头配合使用。变电站设备巡检过程中，机器人利用红外热像仪采集设备红外图像并上传监控后台，监控后台分析设备红外图谱获取设备温度，设备温度超过正常温度时，巡检机器人预警设备缺陷，但此种设备预警方法太过简单，使运维人员无法准确得知设备的缺陷类型，具体设备如图 5-4 所示。因此，采用设备缺陷智能分析技术，监控后台分析设备红外图像，依据缺陷判定准则对设备缺陷类型、潜在故障位置和特征、严重程度进行智能判断，便于运维人员获得准确的设备缺陷信息，制定合理高效的应对措施，进而保障设备的安全、可靠运行。

图 5-4　红外及可见光传感单元

不同的材料、不同的温度、不同的表面光度、不同的颜色等，所发出的红外辐射强度都不同（辐射率不同）。在检测过程中，由于辐射率对测温影响很大，因此必须选择正确的辐射系数。

电力设备辐射率一般为 0.85～0.95。对运行的电力设备进行红外测温探测，多数情况下是通过比较方法来判断的，因此一般只需求出相对温度值的变化或相对温差的比值，而无需过分强调被测目标物体的红外发射率，但若要精确测量目标物体的真实温度时，必须事先知道和了解物体的红外发射率（或称辐射率）ε 的范围。否则，测出的温度与物体的实际温度将有较大的误差。

为了在设备带电的状态下及时发现设备缺陷，以保证电力设备的安全运行，变电站巡检机器人采用红外热像仪完成对设备热缺陷的检测。目前，红外热像仪在电力设备检测应用最为广泛，它可以将红外辐射变为可见的热分布图像，具有定量测定、定性成像功能及较高的空间和温度分辨率，不但具有稳定可靠、测温迅速、不受电磁干扰等特点，而且具有信息采集、存贮、处理和分析方便等优点。机器人获取设备的红外热图后（像素不低于 320×240），先建立红外图像检测标准（基准温标），然后通过图像预处理和温度分析检视图像每个像素点的温度，再通过横向或纵向的温差来确定设备的工作状态。若发现异常，则将图像信息发往调控中心并报警；若没有发现异常，则采集下一幅图像继续进行检测诊断任务。

第二节　基于可见光的状态检测

图像识别是巡检机器人的重要技术之一，决定了巡视电力设备的准确性。在调试阶段，利用搭载的可见光相机采集指针仪表图像、设备油位图像、刀闸、断路器等图像，并对采集到的图像信息进行处理建立设备模板库，机器人执行任务过程中，监控后台将采集到的设备图像与模板库中的设备模板进行匹配对比，最终获得设备识别结果。对于变电站环境下，有效应对光照变化、阴影、遮挡、低对比度、视角变化等因素的智能图像识别技术是巡检机器提升识别率的关键。

电力系统巡检机器人系统具备机器视觉功能。机器人所采集的室外设备图像如图 5-5 所示。常因为环境光照不佳或者物体表面采光不均等原因，存在噪声大、对比度不高等缺点，这对后续图像处理带来了不利的影响。因此，经图像预处理和滤波技术，消除室外环境雨雪、光照等对设备图像清晰度的影响，再通过设备图像精确匹配和模式识别技术，可进行设备外观状态的自动识别

（包括外观异常、刀闸分合状态、仪表读数以及油位计位置等）。

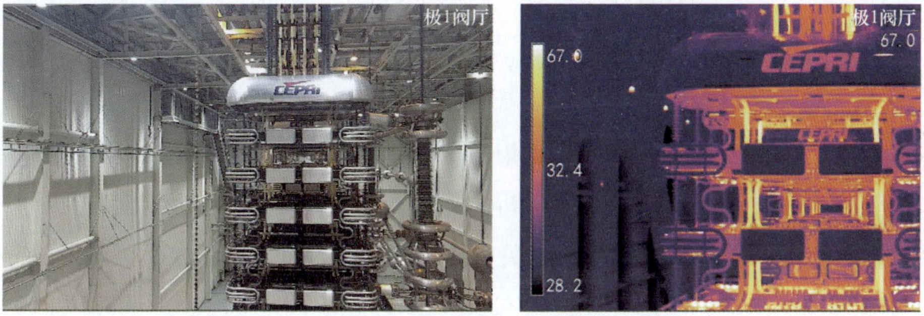

图 5-5　设备外观状态检测图像

一、仪表读数识别

常见的仪表类型主要有油枕表、温度计、SF_6 表、避雷器表、数字表、油温表等。电力系统巡检机器人在巡检过程中通过自身携带的摄像机拍摄仪表图像，并传输到后台，使用数字图像处理技术对采集的仪表图像进行分析和特征处理，并使用模式识别技术得出仪表的当前读数。

对于指针式仪表，读数识别主要包括：图像预处理、表盘提取、仪表指针提取、示数读取。对于数字式仪表，读数识别主要包括：图像预处理、数字区域提取、数字识别，依据最新的图像处理技术与模式识别算法，结合优化的程序模块识别单针仪表、多针仪表、数字仪表、油位计以及吸湿器等设备，可以对单针类仪表做到 100％的识别率、数字仪表等设备的高识别率。图 5-6 为仪

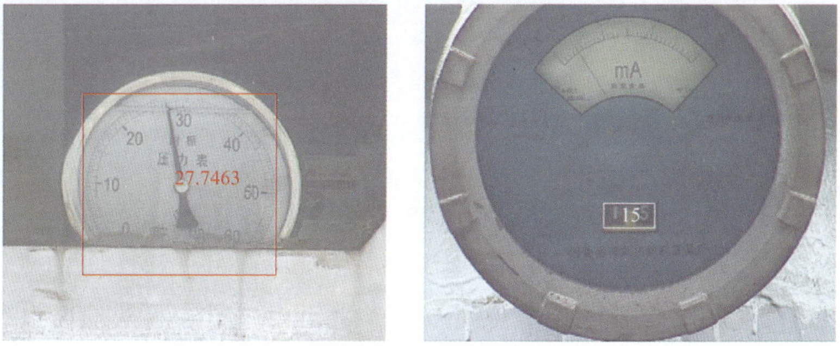

图 5-6　仪表读数识别结果

表读数识别结果图。结合站内设备种类多样性、环境复杂性，对设备进行分类型分环境条件逐类识别的方式有效提高单个设备的识别率。

二、断路器开关分合状态识别

电力系统巡检机器人在停靠点拍摄待识别的断路器开关图像，使用数字图像处理技术和模式识别技术对待分析图像进行分析处理，并得到断路器开关目前的分合状态，如图 5-7 所示。开关状态识别主要有开关区域提取和开关分合状态识别两步。其中，开关分合状态识别主要使用了图像预处理消除噪声的不利影响、特征提取构建开关区域的特征向量、模式识别技术判别开关的状态。目前电力系统巡检机器人可以识别颜色开关和三角储能开关。其中，三角储能开关既能识别开关的分合，还可以识别储能状态。针对开关的类型和颜色，这里使用多种分类器可以实现各类断路器的识别率在 100%。

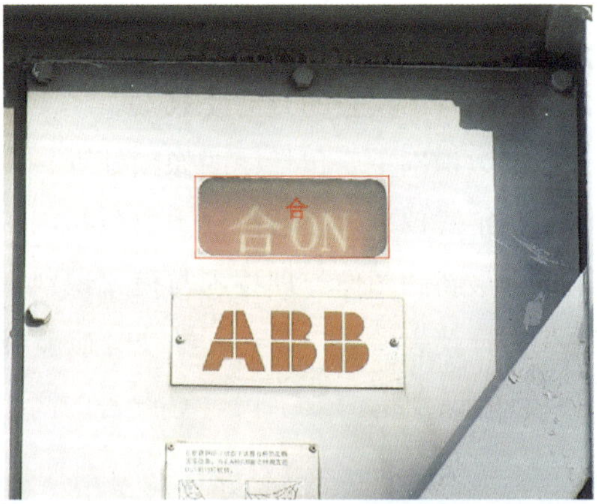

图 5-7　断路器开关分合状态识别

三、刀闸分合状态识别

电力系统巡检机器人在巡检过程中拍摄刀闸设备图像并传送至后台，系统后台可通过相应的图像处理技术得到刀闸区域，通过图像预处理可以有效的去除噪声得到清晰的刀闸区域。刀闸分合状态识别图如图 5-8 所示。使用模式识别算法提取刀闸区域特征，并根据特征设计算法分离器实现了刀闸分合状态的自动判别。

图 5-8　刀闸状态识别

刀闸分为折臂刀闸、接地刀闸等，种类样式繁多。结合刀闸外形，使用图像与处理获得刀闸的整体轮廓特征，使用多模式分类器对不同种类的刀闸进行训练，可以实现刀闸识别效率达到 100%，快速准确的做到刀闸设备的识别。

四、设备外观异常检测

设备外观异常检测是利用图像处理及模式识别等相关技术，对电力设备图像进行检测，通过图像预处理、模式识别、纹理分析等技术，判断设备的外观异常。

设备外观异常检测主要检测变电设备指定区域是否有外来悬挂物，如塑料袋、鸟巢等。系统通过图像预处理改变图像质量、再对指定区域进行特征提取和匹配处理分析，有异物的区域和正常区域的进行智能分类获取识别结果。设备外观正常和设备外观异常图像如图 5-9 所示。

(a)　　(b)

图 5-9　外观观察

(a）设备外观正常；(b）设备外观异常（图标记）

五、设备运行异常声音检测

变电站智能巡检机器人系统具备听觉功能。声音识别本质上是一种模式识别过程，其基本结构原理如图 5-10 所示。

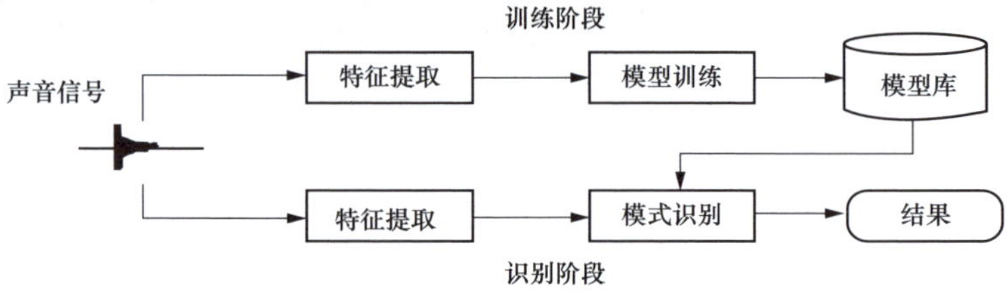

图 5-10 声音识别原理

声音识别主要包括声音信号预处理、特征提取、特征建模、建立参考模型库、模式识别匹配等几个模块，如图 5-11 所示。

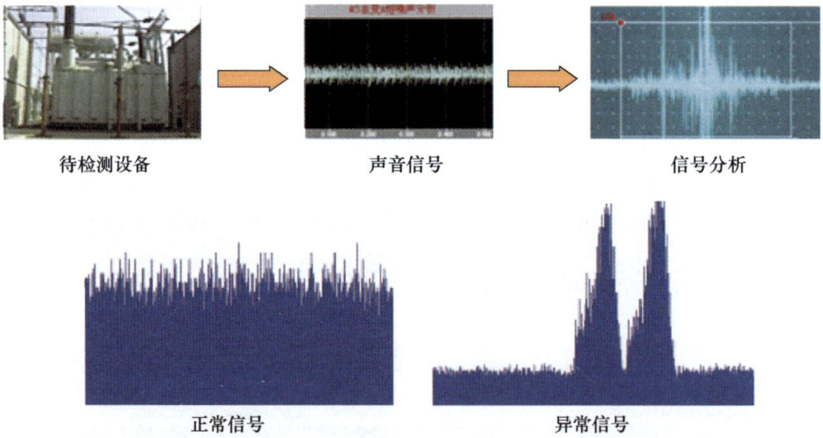

图 5-11 声信号检测

在机器人巡检过程中，通过拾音器采集设备运行中发出的声音，经对声音的时域和频域分析提取特征进行声音信号识别，该系统主要有声音波形展示、声音特征展示、故障报警等模块。当监测到声音信号异常时，系统可发出预警信息警示站内工作人员，避免事故发生。

第三节　其他检测技术

一、紫外检测技术

凡是有外部放电的地方都能用紫外成像仪观察到电晕和直观地观测到高压设备放电的情况，为带电检测提供了新的诊断手段。图 5-12 为紫外检测仪拍摄到的漏电位置图。紫外检测技术可应用到高压设备污染检查、绝缘子放电检测、高压异常设备放电检测以及导线外伤探测等，将漏电位置等缺陷清晰地呈现在图像上，通过观察电晕产生的位置、形状、强度等，使得现场人员能迅速准确地定位放电点的位置，判断运行设备的健康程度，协助运维人员及时发现问题，及时清除漏电等隐患现象；紫外成像仪也可检测出设备及绝缘的早期故障和性能是否降低，从而提高电力系统运行的可靠性，使不定期的电力中断减少到最小，增加供电可靠性，对于日常巡查和检验工程质量很有意义。

机器人目前可配置在线/手持两用检测组件和多维检测组件。在线/手持两用检测组件日盲紫外成像、可见光成像技术，兼顾手持检测和在线式检测两种应用场景，可极大地提高设备利用率；同时，基于机器人技术与日盲紫外检测技术相融合的创新技术手段，提供检测数据实时上传后台、实时展示、实时存储、数据查询等功能，可实现变电站设备局部放电检测功能，进一步提高了变电站的自动化和智能化水平。

多维检测组件集成日盲紫外成像、可见光成像技术和红外成像技术，将多谱段光学监测、全景成像技术应用于智能变电站机器人巡检监测领域，可与机器人巡检系统深度融合；利用机器人携带多维检测设备进行综合检测，依靠人工智能分析和预警技术，可按照变电站需求随时对设备进行局部放电检测、表计识别以及设备发热检测，能够统一检测分析流程，提高巡检作业质量和科学管理水平。多维检测组件的应用，为变电站智能巡检提供了一种基于机器人技术与多维检测技术相融合的创新型检测手段，进一步提升变电站运维的自动化和智能化水平，同时，大幅减轻运维人员的劳动强度，降低变电站的运行维护成本。

图 5-12 为紫外检测仪拍摄到的漏电位置图。

图 5-12　紫外检测仪拍摄到的漏电位置

二、变电设备缺陷图像识别技术

变电设备缺陷图像识别技术紧密围绕泛在电力物联网核心技术，在感知层研发基于边缘计算的前端智能视频采集装置，实现可见光、红外光等多谱段图像的融合分析和缺陷人工智能识别，应用无线物联网技术，实现多视角、多机位、多场景的协同检测，在应用层基于深层神经网络，开展设备运行信息、状态信息、微气象信息等的多元数据融合，实现对设备状态的精准评估和缺陷智能化预警，提高变电站运维检修的自动化、智能化水平，提升设备状态的智能管控能力。图 5-13 为深度学习的缺陷识别技术流程。

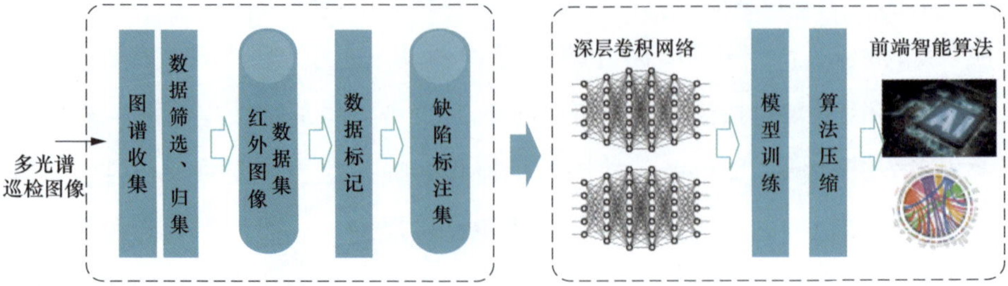

图 5-13　深度学习的缺陷识别技术流程

一种基于局部特征匹配的数字表自动定位识别技术使用 Canny 算法提取图像中数字表边缘，采用 surf 特征算法，匹配查找与数字表区域模板特征相似的区域，利用数字模板图像库进行分类训练，将采集到的数字特征与其匹配，输出准确的识别结果。另一种基于虚拟线段判定的阀门分合指示识别技术采用了基于模版图像特征匹配的 ROI（region of interest）提取方法，获得刀闸在图像中的具体位置，然后利用刀闸的线状特征，基于 Hough 变换，判断刀闸的分合状态。该技术可实现阀门分合指示的位置判断及颜色判断，通过计算机图像图形学技术构造出以阀门把手为指针的虚拟表盘的图形模型，后通过图像处理手段对原始图像进行感兴趣区域切割，后通过相关直线线段检测技术对把手位置进行判定，对照其在虚拟表盘中的角度，可以判定此阀门开关的状态信息。电力巡检机器人图像识别技术分析：识别准确率方面。各厂家多采用其自有的图像识别技术，常见表计识别准确率相差不大。变电站内巡检中，设备种类复杂、型号繁多，如何实现对所有设备的准确识别是图像识别技术需要解决的关键问题。由于应用数量有限，各厂家通常针对特殊设备建立专用的识别模板和算法，以确保识别准确性；主流厂家积累了丰富的培训样本，基于模糊识别、神经网络等深度学习技术，能够实现对特殊设备的快速、准确识别。数据可靠性方面，根据机器人结构及组网方式的不同，图像识别有两种数据处理模式，即后台识别模式和就地识别模式。部分厂家采用后台识别模式，即机器人拍摄照片后，通过无线等手段将照片传输至远端工控机，由工控机中的后台系统完成识别工作；这种方式传输时延长，实时性较差，同时存在由于网络等问题导致图片丢帧、损坏等情况的风险，影响识别结果；技术水平较强的厂家的电力巡检机器人，自行搭载工控机，能够实时处理、识别前端传来的设备图像，可靠性更高。

三、红外图像预警技术

红外图像检测质量将直接影响电网系统正常工作的有效作用距离、监控设备及人员的配置，在红外图像预警系统中发挥着至关重要的作用。图 5-14 为红外图像检测图。在设备采集的过程中，红外图像分辨率受环境因素（大气吸收和散射）的影响，不能还原真实分辨率，对比度表现效果不足，不能完全反映待检测目标的纹理信息。通过传统机器学习方法不能精准分类识别户外一次设备缺陷，同时受到其他环境因素及非一次运行设备发热点影响，易造成误判断。

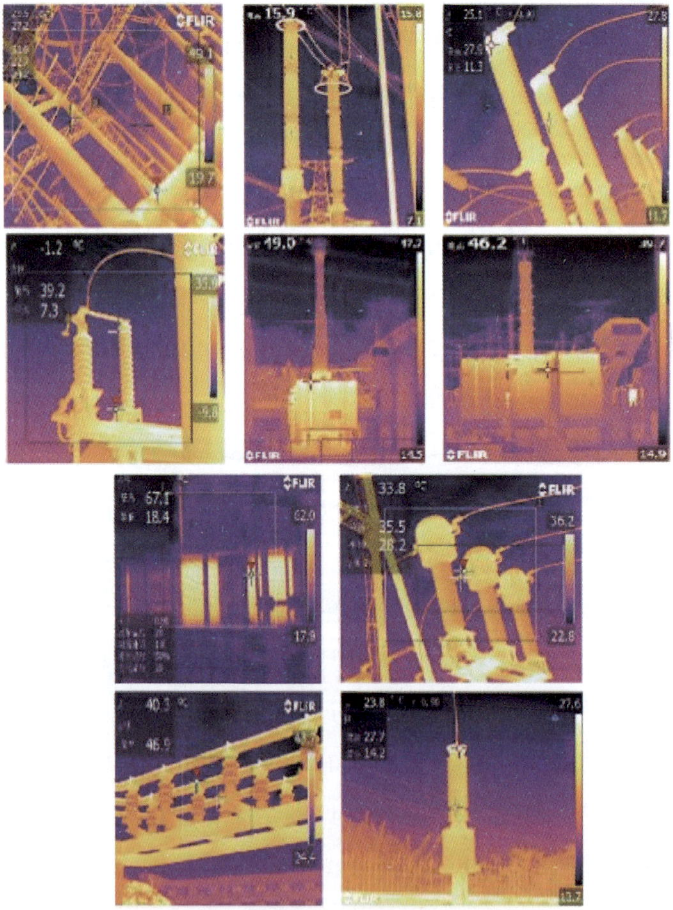

图 5-14　红外图像检测

在图 5-14 中可以看到，变电站设备红外图像数据集具有以下特点：目标部分信息丢失，看不到目标整体轮廓；图像失焦，几乎没有较大像素值之间的变化，对比度较差，温度区间界限不明显；红外图像中设备被探测设备实时显示数据遮挡；红外图像中设备类型多且复杂。因此，红外图像预警技术可以对红外图像梯度分析，对缺陷进行预判，包括对红外图像分布规律进行横向、变化规律等进行分析。结合上述对缺陷识别诊断及图像处理方法，实现对设备缺陷的预警，包括红外梯度分析、区域温度分布分析和历史温度梯度分布分析。

一般过程可通过红外采集设备收集不同类型电力设备的红外图像数据，对红外图像中电气设备的关键部位的轮廓进行标注，包含了电力设备的类型、电气设备关键部位名称以及电力设备关键部位在红外图像的位置信息；电力设备区域图为包含电力设备关键部位以及电力设备关键部位边缘附近背景的图像，建立包含红外图像、标注文件和电力设备区域图的红外图像数据集，将红外图像数据集分为训练集和测试集，将训练集输入深度神经网络模型进行训练；对深度神经网络模型进行性能调优：设置深度神经网络模型初始超参数，将测试集输入深度神经网络模型进行测试，得到红外图像分割的准确率、精确率；修改深度神经网络模型的超参数，对比不同超参数时红外图像分割的准确率、精确率；不断调节超参数，得到性能最优的深度神经网络模型；将待分割的红外图像输入最优的深度神经网络模型中执行图像处理，提取出电力设备区域，完成一次分割；该经过一次分割的电力设备区域为不规则图形，包含电力设备关键部位以及设备关键部位轮廓周围的背景；提取红外图像的温度矩阵，红外图像中的每个像素点对应一个温度值，所有像素点的温度值组成温度矩阵；通过上述生成的文件计算电力设备区域内各像素点的梯度。

四、基于多谱段光谱图像融合技术

对于变电站内智能巡检机器人中应用多谱段光谱图像融合技术，主要包括可见光谱和红外光谱的图像融合，如图 5-15 所示。其中可见光谱用 Faster-RCNN 等深层卷积神经网络，开展设备部件和缺陷的目标检测通过图像预处理、边缘检测、特征提取，并利用 K-means 等聚类算法，对可见光图像中的设备或部件进行检测和标记；红外光谱外光谱缺陷特征提取构建变电设备红外图像缺陷样本集，通过对红外光谱温度场梯度分析，采用红外光谱图像识别方法，实现对典型过热缺陷的自动识别。

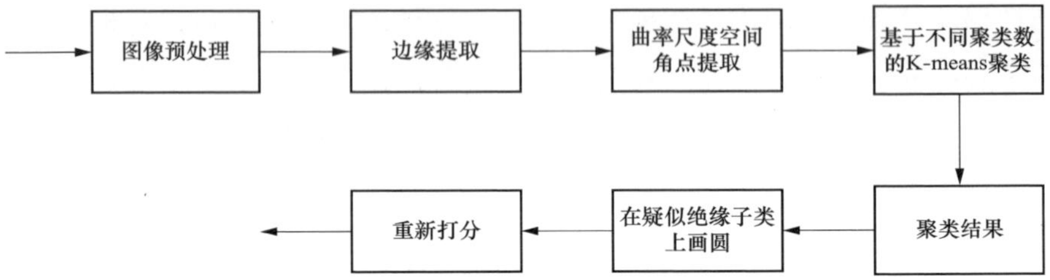

图 5-15　基于多谱段光谱图像融合技术流程图

主要过程为构建包含红外图像模型与可见光图像模型的深度残差网络，并分别为红外图像模型与可见光图像模型的权重赋值。同时，获取多光谱目标检测图像，对多光谱目标检测图像中的红外图像和可见光图像分别进行图像预处理，并分别提取红外图像特征和可见光图像特征。

根据红外图像特征和可见光图像特征之间的共模特征和差模特征，分别对所述红外图像特征和可见光图像特征进行差模融合计算，得到红外图像增强特征和可见光图像增强特征。将红外图像增强特征和可见光图像增强特征插入到包含红外图像模型与可见光图像模型的深度残差网络，构建多光谱目标检测网络，并采用预处理后的所述红外图像和可见光图像对所述多光谱目标检测网络进行训练；通过训练好的多光谱目标检测网络对采集的红外图像或可见光图像进行检测，得到红外图像或可见光图像中的目标检测结果。

五、机器人协同巡检技术

变电站机器人与智能传感器协同巡检系统包括检测设备、巡检机器人、无线通信网络及后台系统。后台系统具体流程如图 5-16 所示。通过无线通信网络远程控制巡检机器人并与巡检机器人进行数据传输。检测设备包括安装于变电站设备上并具有读数显示装置，用于通过摄像或拍照的方式获得相关检测数据；站内另一类检测设备则指，安装于变电站设备上并且不具有读数显示装置，其数据采集装置用于通过无线通信的方式获得所述相应检测数据。机器人通过在巡视中，通过对传感器数据协同检测，将数据上传至数据管控中心，同时进行相关分析，得到巡检设备的状态数据，对后续运维检修策略提供支撑。

该技术特点在于与自主协同网络实现机器人的不停车自主巡检，传感器、高清视频和机器人的数据协同。其传感器集成化设计技术需要实现微型化、低功耗、无线组网功能，机器人和相关检测装置能够具有自主智能传感技术，包括数据清理、阈值自适应、自主研判。该技术在投入实际应用前，仍要进行传感器信息主动协同交互技术研究，机器人巡检复杂场景智能识别算法研究，巡检数据深度学习协同故障诊断技术研究。

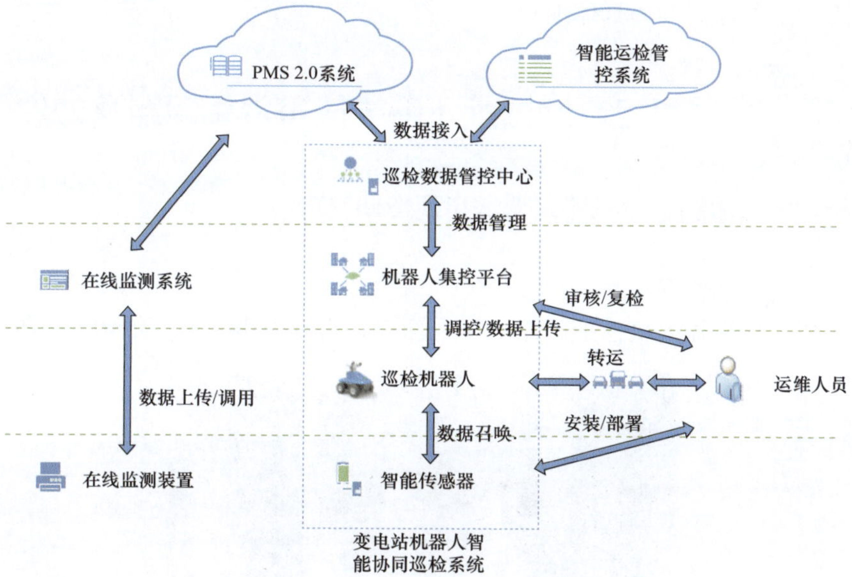

图 5-16　机器人协同巡检技术

第六章　智能巡检机器人运维

运维系统是智能巡检机器人的重要组成部分，本章对智能巡检机器人常见的异常问题进行了汇总，并针对每种类型的问题处理进行了介绍，以更好地推进智能巡检机器人在变电站（换流站）中的应用，指导现场运维人员能够正确使用和维护机器人、正确处理机器人异常故障，同时介绍了变电站智能巡检系统通用技术条件标准的具体细则。

第一节　智能巡检机器人系统使用常见问题及处理

一、轮式智能巡检机器人无法实现自动充电

1. 异常现象描述

智能巡检机器人机体上的充电桩未伸出，自助充电失败。如图 6-1 所示。

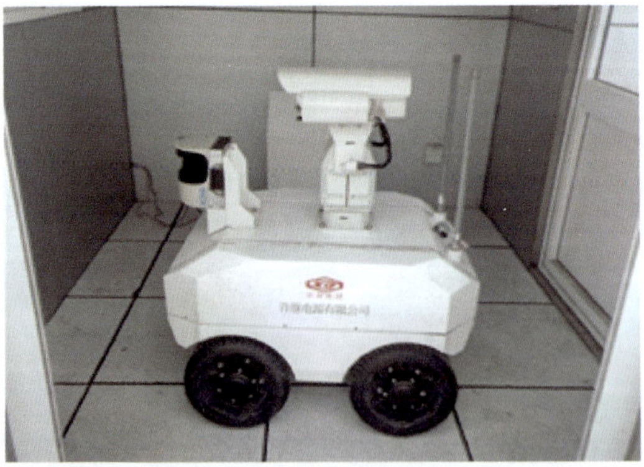

图 6-1　智能巡检机器人自助充电失败

2. 异常原因分析

可能存在以下问题：①充电参数设置有问题；②充电桩问题、机器人充电接口与充电桩未对齐；③充电机未通电或损坏；④电池问题；⑤充电房地图不匹配；⑥程序问题；⑦机器人充电电源板问题；⑧充电房门未打开（如果有

门)；⑨金属接近开关损坏。

3. 异常处理步骤

(1) 充电房反复测试，确保相关参数没问题（600 点位参数、对侧墙、正面墙距离、直线拟合窗口大小及激光参数)。

(2) 检查充电桩是否正常供电，屏上电压是否正确，电流有无，若均无，更换内置充电器。

(3) 若电池过放会导致欠压从而充不上电，更换新电池。

(4) 更新工控机。

(5) 更换机器人充电电源板、更换金属接近开关。

(6) 接通充电机电源或更换充电机。

(7) 检查开门机或通讯模块是否正常，如损坏，将其替换。

(8) 调整机器人位置。

注意事项：严禁非维护人员私自拆卸机器人，严禁带电操作。

二、轮式智能巡检机器人巡视路线偏移

1. 异常现象描述

智能巡检机器人巡检路线偏离导航，如图 6-2 所示。

图 6-2　智能巡检机器人巡检路线偏离导航

2. 异常原因分析

可能存在以下问题：①点位设置问题；②现场环境变化导致导航出现偏

差；③里程计不准；④机器人运动速度过快；⑤轮胎零点未校准导致累计出现导航偏差；⑥路况较差导致车轮打滑；⑦跑下盖板。

3. 异常处理步骤

（1）合理根据地形及需求设置点位（尽量选择宽阔的路，且处于路中间），复杂地形可以多设必停点位，也可以合理设置无视激光导航点位、纯按照里程计（或加惯导）来导航点位，避免出现极端点位（如斜坡设点）。

（2）根据现场环境变化做出相对应的调整；若是草过于茂盛则除草，树枝长开则修剪树枝。

（3）测试并修正里程计。

（4）适当调低速度。

（5）矫正轮胎零点位置。

（6）安装惯导模块，简单处理路面。

（7）打开防跌落功能。

三、轮式智能巡检机器人下位机与控制终端通信中断

1. 异常现象描述

智能巡检机器人与后台通信异常或中断，如图 6-3 所示。

2. 异常原因分析

可能存在以下问题：①机器人本体未上电或供电异常；②无线网桥与后台控制平台通信故障；③机器人本体天线通信连接异常；④电脑网线未插稳；⑤微气象网络控制箱未上电；⑥无线网络连接错误。

3. 异常处理步骤

（1）检查机器人本体是否正常供电，若未正常供电，重新通电启动。

（2）检查无线网桥与后台控制平台通信连接情况，若未连接，则重新连接。

（3）检查机器人本体天线连接是否良好，若未连接好，则重新连接。

（4）检查控制后台电脑网线，将其重新连接。

（5）给机器人充电直到能够正常开机。

（6）检查后台电脑处的插线板，如有需要，则重新插上微气象网络控制箱

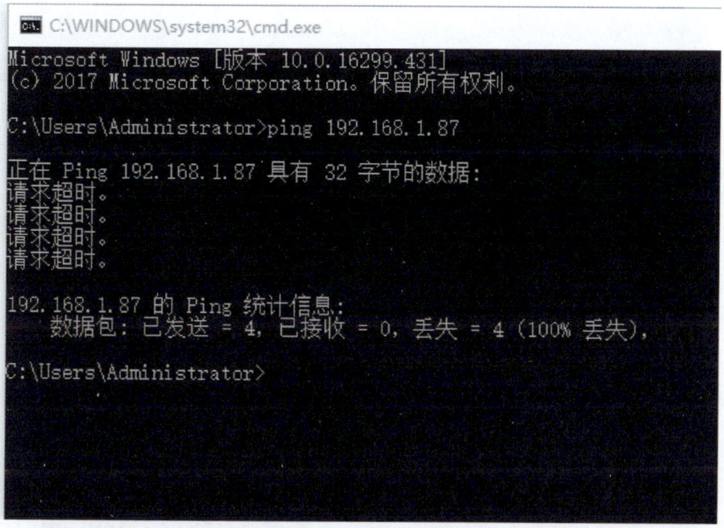

图 6-3　轮式智能巡检机器人与后台通信异常或中断

的电源接头。

（7）在场地内重启机器人，尝试重新连接网络。

四、轮式智能巡检机器人可见光视频显示画面停滞、黑屏

1. 异常现象描述

轮式智能巡检机器人可见光视频显示画面停滞、黑屏，无法获取可见光摄像头实时监控视频故障，如图 6-4 所示。

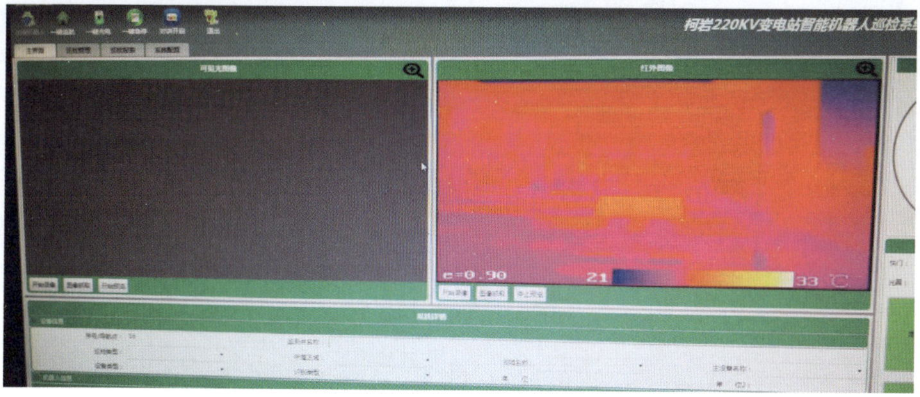

图 6-4　轮式智能巡检机器人可见光视频显示画面停滞、黑屏或中断

2. 异常原因分析

可能存在以下问题：①网络连接异常；②软件功能异常；③参数配置问题；④相机版本问题。

3. 异常处理步骤

(1) 右键单击“可见光视频”控件，选择“连接”，如图 6-5 所示。

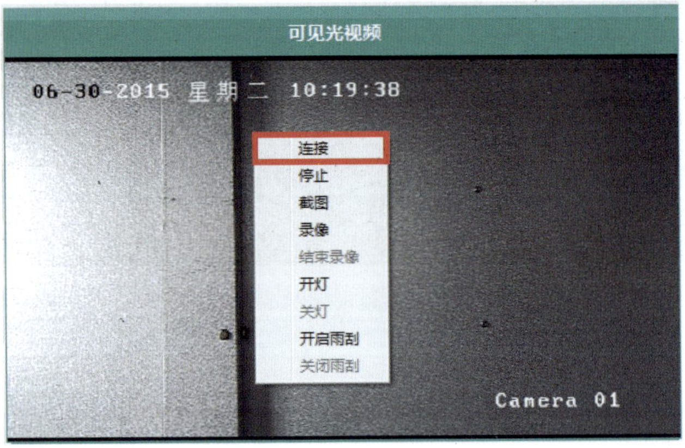

图 6-5 可见光视频界面

(2) 若还是无法获取，在“设备通讯信息”中查看“高清相机”的网络状态，如图 6-6 所示。

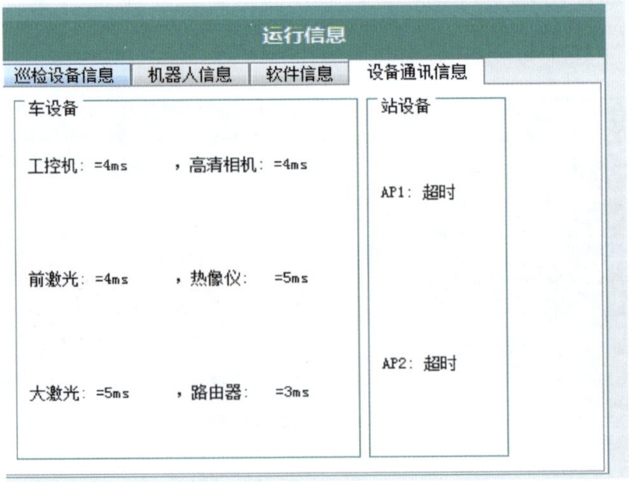

图 6-6 高清相机界面

（3）通过 ping 指令检查高清摄像头设备的网络状态，如图 6-7 所示。

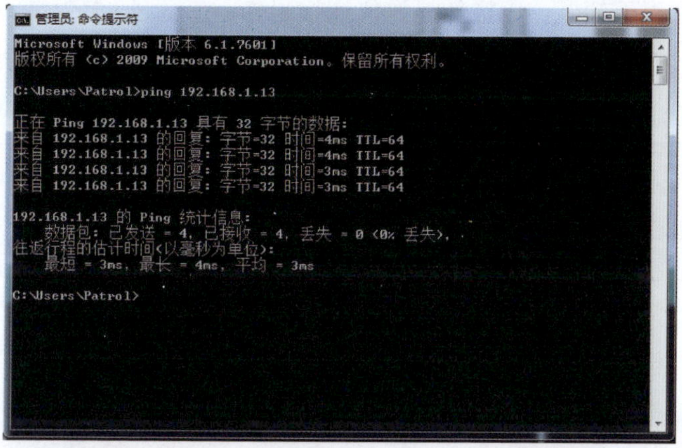

图 6-7　高清相机 IP 地址界面

（4）若无法连接，请检查高清摄像头网线是否正常连接无线网络 AP 是否上电、交换机网线是否正常连接。

（5）若网络连接正常，但无法获取视频信息，重启客户端软件后重新连接，检查并确认相关参数问题（config、相机网页参数）或更新相机版本；若仍无法连接请联系相关技术人员解决。

五、轮式智能巡检机器人红外热成像显示画面停滞、黑屏

1. 异常现象描述

轮式智能巡检机器人红外热成像显示画面停滞、黑屏，无法获取红外热成像仪实时监控视频故障，如图 6-8 所示。

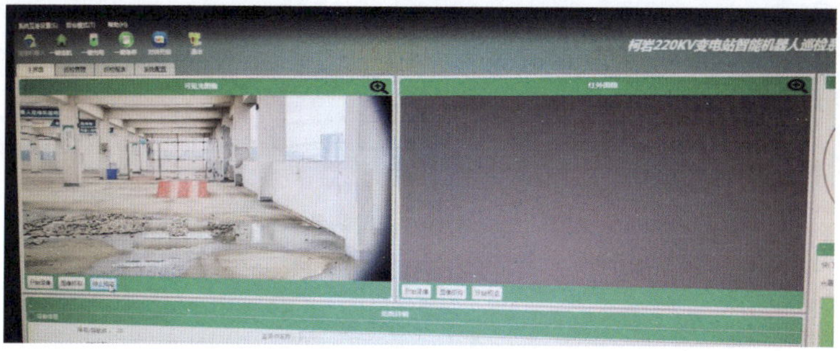

图 6-8　轮式智能巡检机器人红外热成像显示画面停滞、黑屏

2. 异常原因分析

可能存在以下问题：①红外热像仪连接异常；②无线网络 AP 未上电；③交换机网线连接异常；④软件功能异常；⑤参数配置问题；⑥红外热成像仪版本问题。

3. 异常处理步骤

（1）右键单击“红外视频”控件，选择“连接”（见图 6-9）。

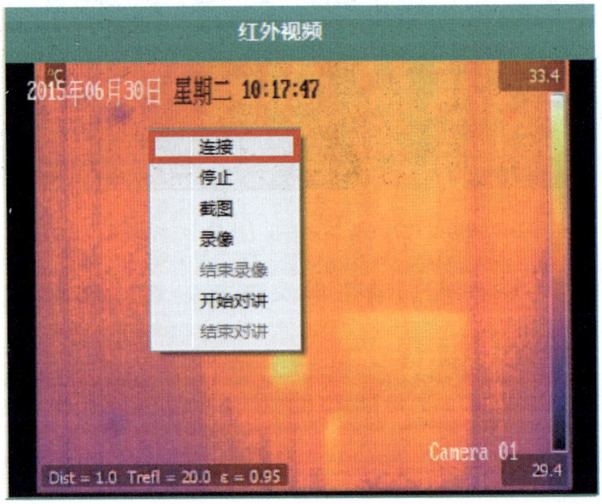

图 6-9 红外视频界面

（2）若还是无法获取，在“设备通讯信息”中查看“热像仪”的网络状态（见图 6-10）。

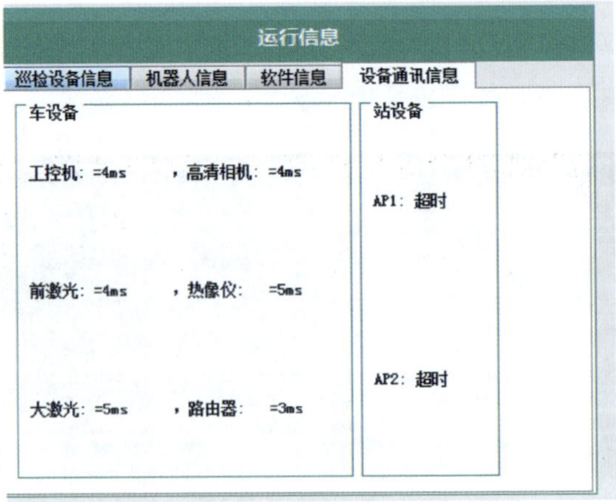

图 6-10 热像仪界面

（3）通过 ping 指令检查红外热成像仪设备的网络状态（见图 6-11）。

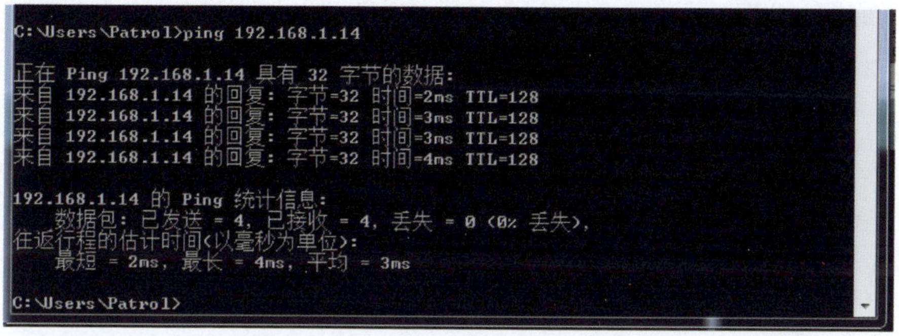

图 6-11　红外热像仪 IP 地址界面

（4）若无法 ping 通，请检查红外热像仪是否正常连接、无线网络 AP 是否上电、交换机网线是否正常连接。

（5）若网络连接正常，但无法获取视频信息，重启客户端软件后重新连接，或检查并确认相关参数问题（config、红外热成像仪网页参数）、更新红外热成像仪版本，若无法连接请联系相关技术人员解决。

六、轮式智能巡检机器人微气象功能指示异常

1. 异常现象描述

轮式智能巡检机器人微气象功能指示异常，如图 6-12 所示。

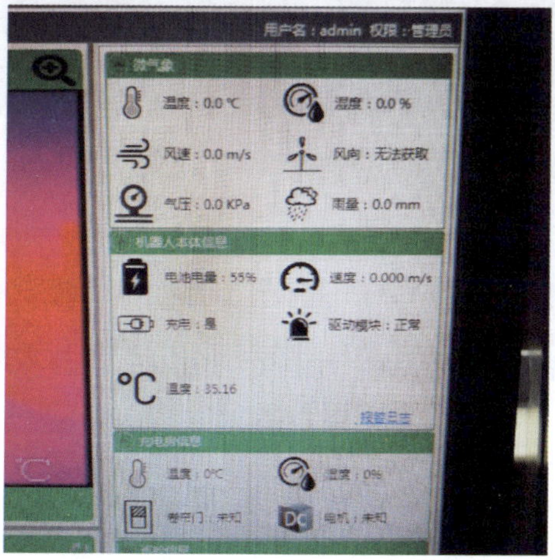

图 6-12　轮式智能巡检机器人微气象功能指示异常

2. 异常原因分析

可能存在以下问题：①接线错误；②风向标安装错误；③串口服务器配置错误。

3. 异常处理步骤。

（1）检查接线，按照文档正确接线。

（2）风向标设备上白点朝北安装。

（3）重新正确按照文档配置串口服务器。

七、轮式智能巡检机器人充电房卷帘门无法自动开启或关闭

1. 异常现象描述

轮式智能巡检机器人充电房卷帘门无法自动开启或关闭，如图 6-13 所示。

图 6-13　轮式智能巡检机器人充电房卷帘门无法自动开启或关闭

2. 异常原因分析

（1）无法开启时，可能存在以下问题：①卷闸门没有供电；②上下限位开关异常；③上下限位及卷闸门开关线接错；④机器人与天线失去连接。

（2）无法关闭时，一般因为充电位置设置错误。

3. 异常处理步骤

（1）无法开启时，处理步骤为：①检查卷闸门供电；②检查上下限位运行和供电情况；③检查线路；④后台查看机器人是否正常连接，无线断开解决参

照机器人与后台无法通信部分。

（2）无法关闭时，要正确设置充点电位置。

八、轮式智能巡检机器人外观破损、脏污、行进异常

1. 异常现象描述

轮式智能巡检机器人外观破损、脏污、行进异常。

2. 异常原因分析

可能存在以下问题：①机器人外壳破损；②机器人外壳表面、高清摄像机与红外热像仪的镜头存在灰尘与污渍；③机器人的云台、把手、轮胎部分的螺丝存在松动。

3. 异常处理步骤

（1）外观检查。检查机器人外壳是否存在破损，如果有破损请，拍照发于厂家确认故障；检查机器人外壳表面是否存在灰尘与污渍，如有，则用干抹布清理机器人外壳，特别注意不要用湿抹布，请着重清理高清摄像机与红外热像仪的镜头。

（2）机械部件检查。检查机器人的云台、轮胎部分的螺丝、把手，确认是否存在松动迹象，如存在松动，请加固。具体位置如图 6-14 所示。

检查机器人的其他外设设备（如激光、天线、音响、拾音器）是否松动，如松动，请联系厂家处理；检查机器人底部的三个充电触头是否牢固，并观察三个触头长短是否一致。

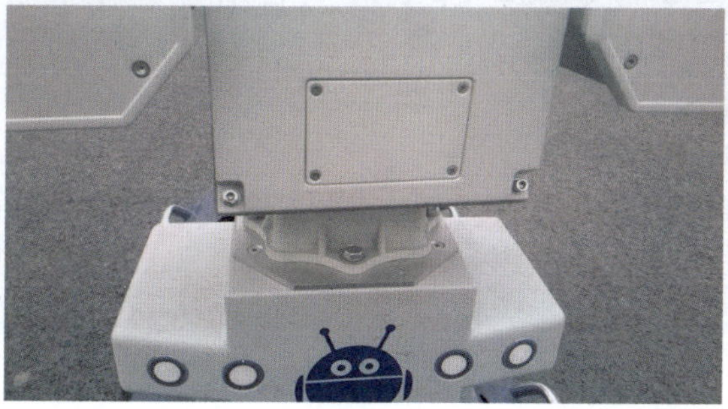

(a)

图 6-14　轮式智能巡检机器人机械部件检查（一）

（a）机器人云台

(b)

(c)

图 6-14　轮式智能巡检机器人机械部件检查（二）

（b）机器人轮胎部分的螺丝；（c）机器人把手

（3）轮胎检查。检查轮胎是否存在大面积破损，并检查轮轴三角法兰销钉是否丢失，如丢失请及时更换，具体位置如图 6-15 所示。

图 6-15　轮轴三角法兰销钉位置

（4）碰撞开关检查。检查机器人前后 8 个碰撞开关，用手轻轻按碰撞开关，碰撞开关的弹簧是否能正常收缩复位，微动开关声音是否明显，如图 6-16 所示。如异常请联系厂家处理。

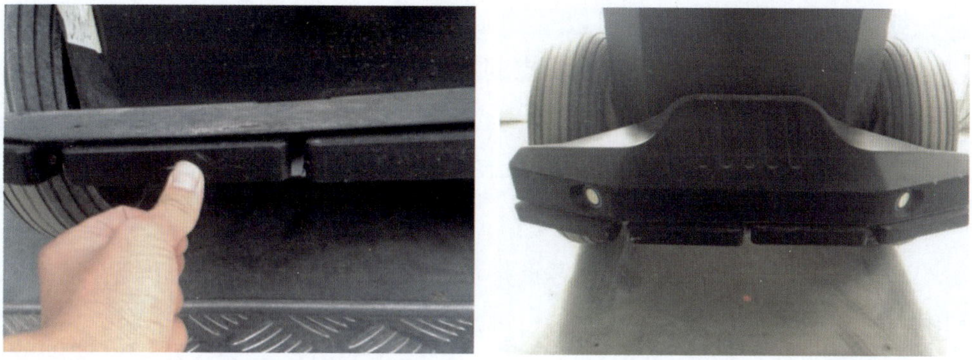

(a) (b)

图 6-16　智能巡检机器人碰撞开关检查

（a）开关弹簧处于收缩状态；（b）开关弹簧处于复位状态

（5）轮轴检查。断电后轻轻推动机器人，听取轮胎转动声音是否均匀，是否存在异响，如发现四轮转动异常或者声音异常，请联系厂家处理。

（6）移除避障物。

（7）开回充电房原点并重启机器人。

九、轮式智能巡检机器人下位机无法启动

1. 异常现象描述

轮式智能巡检机器人下位机无法启动。

2. 异常原因分析

可能存在以下问题：①后台软件刚打开，没有连接机器人；②天线异常；③单个设备显示未连接，则该设备运行异常。

3. 异常处理步骤

（1）点击软件主界面左上角“连接机器人”。

（2）天线异常参照机器人与后台无法通信解决方法部分。

（3）检查机器人对应设备运行状况，重启机器人。

十、轮式智能巡检机器人控制终端云台失灵

1. 异常现象描述

轮式智能巡检机器人控制终端云台失灵。

2. 异常原因分析

可能存在以下问题：①云台零点问题；②数据库问题；③算法脚本问题；④机器人不在预定轨道上；⑤急停开关被按下；⑥机器人处于低电量状态；⑦机器人前方有障碍物；⑧机器人前方有沟壑。

3. 异常处理步骤

（1）让云台归零，查看云台零点是否正常（较少出现，一般出现在巡检未完成就低电量返回充电）会原点重启机器人。

（2）数据库相关点位参数误改。

（3）算法处理过程中找不到脚本有可能会出现，查看异常点位的脚本是否正常，若异常，重做脚本。

（4）将机器人用手柄控制到复位点，从后台客户端上点击对应位置的复位按钮。

（5）将机器人车体上方的红色急停按钮顺时针旋转，直到按钮弹起。

（6）控制机器人返回充电房进行充电，直到机器人恢复正常电量。

（7）检查机器人前进方向是否有障碍物，若有，将其移开后控制机器人执行任务。

（8）检查机器人的云台盖板是否被掀开，将其恢复后控制机器人执行任务。

十一、轮式智能巡检机器人轮胎、 轮毂异常

1. 异常现象描述

轮式智能巡检机器人轮胎、轮毂异常。

2. 异常原因分析

可能存在以下问题：①机器人轮子是否有东西卡住；②机器人磁编码器通信异常或损坏。

3. 异常处理步骤

（1）检查机器人轮子是否有杂物，若有，则清理。

（2）检查机器人磁编码器通信连接是否有故障，若有，重新连接或更换磁编码器。

十二、轮式智能巡检机器人电池异常

1. 异常现象描述

轮式智能巡检机器人电池异常。

2. 异常原因分析

可能存在以下问题：①电池电压偏低无法达到启动电压；②电池到电源板线有松脱；③电池损坏；④电源板损坏。

3. 异常处理步骤

（1）测量电池输出电压是否达到 24V。

（2）检查线头和法兰插头。

（3）更换电池。

（4）更换电源板。

十三、轮式智能巡检机器人驱动无法锁定、滑挡异常

1. 异常现象描述

轮式智能巡检机器人驱动无法锁定、滑挡异常。

2. 异常原因分析

可能存在以下问题：①没有设置好零位；②联轴器有损坏；③轮毂钣金有变形状况；④编码器线头松脱；⑤编码器损坏。

3. 异常处理步骤

（1）设置零位调整轮胎朝向。

（2）更换联轴器。

（3）更换变形的钣金。

（4）检查联轴器线头和法兰插头是否松脱。

（5）更换编码器。

十四、轮式智能巡检机器人导航定位系统异常

1. 异常现象描述

轮式智能巡检机器人激光导航异常。

2. 异常原因分析

可能存在以下问题：①激光导航仪发光面受污染；②程序问题。

3. 异常处理步骤

（1）查看激光导航仪受污染告警信号，定期清洁发光面。

（2）正常操作时，把机器人后退一段距离或清除障碍物，报警自动消除，如果报警长期存在，考虑可能是程序问题，重新刷新工控机和主控板。

十五、轮式智能巡检机器人控制分析软件异常

（1）异常现象描述：轮式智能巡检机器人控制分析软件异常。

（2）异常原因分析：版本不兼容。

（3）异常处理步骤：备份后台软件，重装系统。

十六、轮式智能巡检机器人客户端软件不显示工控机 IP 故障

1. 异常现象描述

打开客户端软件，不显示工控机 IP 故障。

2. 异常原因分析

可能存在以下问题：①网络信号延迟，通过刷新便能解决；②重启后依旧无法连接，可能机器人没电了，如有电但无法连接，则内部工控机自保，请联系厂家解决。

3. 异常处理步骤

（1）点击【刷新】按钮，则会显示“除工控机”IP 地址，如图 6-17 所示。

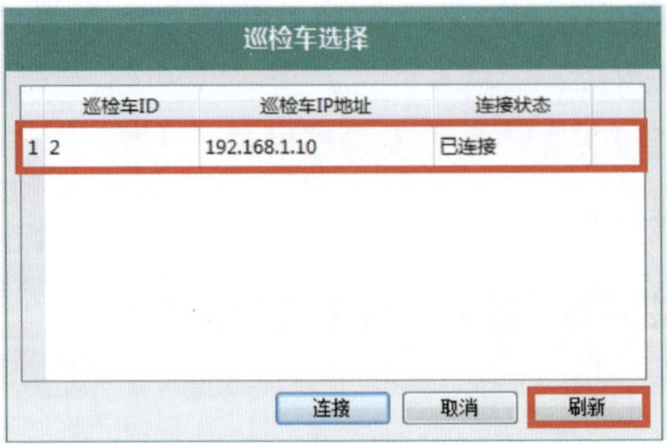

图 6-17　除工控机 IP 地址界面

（2）若还是不显示，等待 1min 后，重启客户端软件，点击“退出”按钮，在弹出的对话框中选择“yes”进行“客户端软件重启”，如图 6-18 所示。

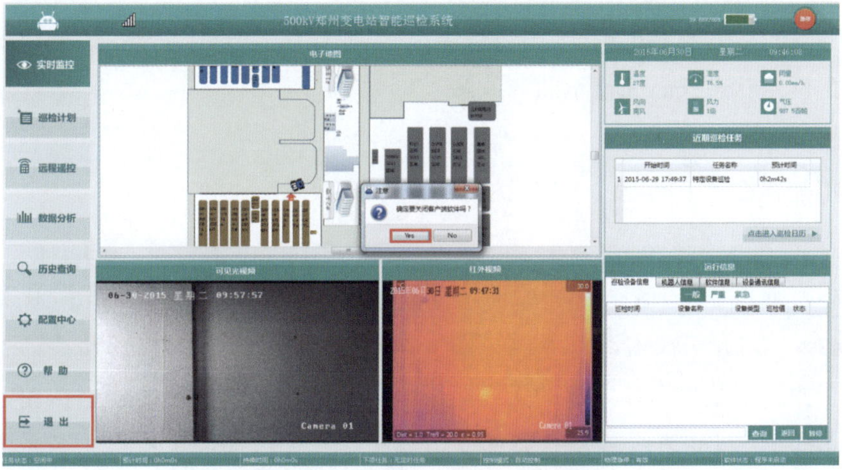

图 6-18　客户端软件重启界面

（3）若重启无效，检查机器人是否通电，当电源灯亮时，机器人通电，未亮则断电，如图 6-19 所示。

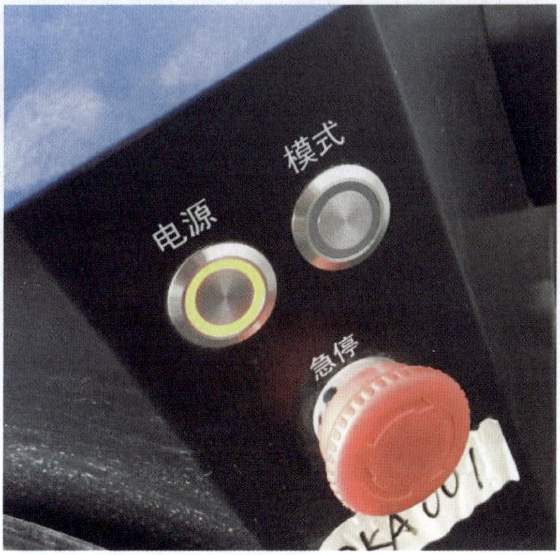

图 6-19　重启无效检查

十七、轮式智能巡检机器人各模块的网络状态长时间显示断开故障

1. 异常现象描述

“路由器”“车载电脑”“高清摄像”“热成像仪”“激光传感器”“视频服务器”的网络状态长时间显示断开故障。

2. 异常原因分析

可能存在以下问题：①网线松动；②设备故障。

3. 异常处理步骤

（1）通过 ping 指令重新检查各设备的网络状态，在“开始”菜单搜索“cmd. exe”打开，输入设备 IP（见图 6-20）。例如，路由器 IP：192. 168. 1. 116，批注：路由器是指车体内部的无线路由器，起到连接客户端的通讯作用；车载电脑 IP：192. 168. 1. 101 批注：车载电脑是指车体内部的工控机；激光传感器 IP：192. 168. 1. 111 批注：激光传感器是指车体后用于定位的大激光；高清摄像 IP：192. 168. 1. 113；热成像仪 IP：192. 168. 1. 114。

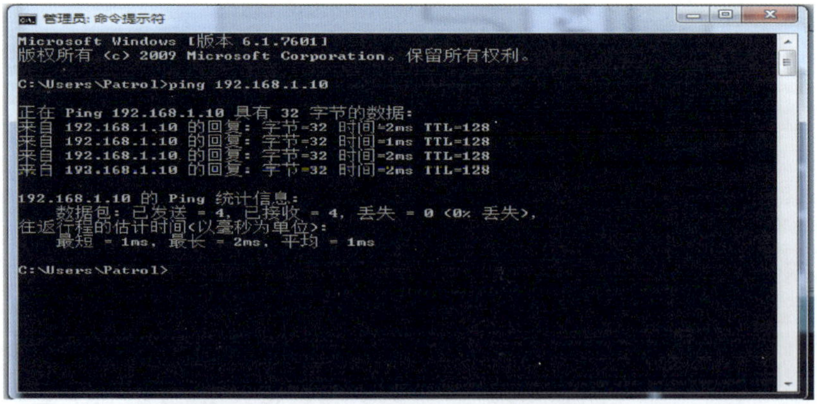

图 6-20 “cmd. exe”界面

（2）若仍无法正常连接，请检查各设备的网络连接是否正常（检查设备网线是否正常连接、无线网络 AP 是否通电、交换机网线是否正常连接），如图 6-21～图 6-23 所示。

图 6-21　网线正常连接

注：信号灯全部闪烁亮起，说明设备网线正常连接，否则为异常。

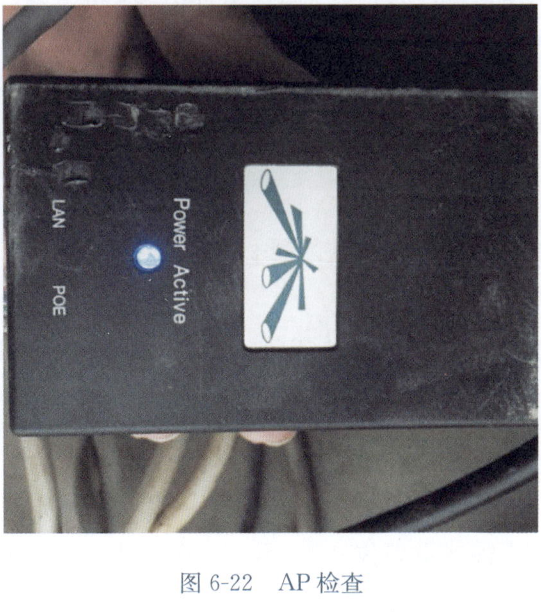

图 6-22　AP 检查

注：信号灯亮起，无线 AP 上电，灯灭则未上电。

图 6-23　交换机网线检查

注：信号灯亮起，则交换机网线连接正常，否则异常。

(3) 若只有部分设备未正常连接，可以断定并非无线网络问题，请检查该设备是否正常上电，网线是否正常连接。

(4) 若仍无法解决问题，请联系相关技术人员解决。

注意：平时做好对网线插件的检查维护，检查对设备的人为干预。

十八、轮式智能巡检机器人不能通过遥控手柄控制机器人

1. 异常现象描述

轮式智能巡检机器人不能通过遥控手柄控制机器人。

2. 异常原因分析

可能存在以下问题：①未接入 WiFi 接收器；②WiFi 未与机器人建立连接；③急停开关被按下；④未切换为自由模式；⑤机器人处于自动任务状态。

3. 异常处理步骤

(1) 将 WiFi 接收器插入机器人车身接口，并检查接收器是否闪烁红灯。

(2) 重启遥控手柄或重新拔插 WiFi 接收器，并等待接收器红灯由闪烁变为常亮。

(3) 将机器人车体上方的红色急停按钮顺时针旋转，直到按钮弹起。

（4）点击手柄模式按钮，切换为自由模式。

（5）通过后台客户端取消机器人任务。

十九、轮式智能巡检机器人手柄控制机器人速度慢

1. 异常现象描述

轮式智能巡检机器人手柄控制机器人速度慢。

2. 异常原因分析

可能存在以下问题：①未设置控制速度；②机器人处于充电房区域；③机器人处于减速区。

3. 异常处理步骤

（1）点击手柄模式按钮切换至速度设置界面，设置速度。

（2）控制机器人驶离充电房区域后恢复速度。

（3）控制机器人驶离减速区后恢复速度。

二十、轮式智能巡检机器人雷达失效

1. 异常现象描述

轮式智能巡检机器人雷达失效。

2. 异常原因分析

可能存在以下问题：①机器人处于自由模式；②机器人处于雷达屏蔽区；③雷达损坏。

3. 异常处理步骤

（1）机器人处于自由模式时，会屏蔽雷达检测，恢复需将机器人模式切换回导航模式。

（2）将机器人驶离雷达屏蔽区。

（3）通知维护人员更换雷达。

二十一、轮式智能巡检机器人开启任务时未刮雨刷

1. 异常现象描述

轮式智能巡检机器人开启任务时，未刮雨刷。

2. 异常原因分析

可能存在以下问题：①未开启自动执行一次雨刷功能；②雨刷不能刮全；③雨刷损坏。

3. 异常处理步骤

（1）在客户端设置界面，自动任务设置一栏开启雨刷功能。

（2）更换雨刷片。

（3）更换雨刷传动装置。

二十二、轮式智能巡检机器人在任务过程中停止运行

1. 异常现象描述

轮式智能巡检机器人在任务过程中停止运行。

2. 异常原因分析

可能存在以下问题：①机器人脱离预定轨道，在地图上机器人位置偏离路径；②机器人雷达报警；③机器人探沟报警；④急停开关被按下；⑤激光设备出现避障；⑥激光设备运行异常；⑦地图匹配出现错误。

3. 异常处理步骤

（1）通过手柄将机器人控制到最近的复位点进行复位。

（2）清除机器人任务路径上的障碍物。

（3）恢复机器人任务路径上的盖板。

（4）机器人车体上方的红色急停按钮顺时针旋转，直到按钮弹起。

（5）开回充电房原点并重启机器人。

二十三、轮式智能巡检机器人不能与后台客户端通话

1. 异常现象描述

轮式智能巡检机器人不能与后台客户端通话。

2. 异常原因分析

可能存在以下问题：①未开启对讲；②未开启音频；③音频音量被设置为0；④麦克风和音箱未连接好。

3. 异常处理步骤

（1）点击对讲按钮并一直按住，开启对讲。

（2）点击一次音频按钮，并确认音频按钮上面的禁止符号是否取消。

（3）调整客户端右上方的音量，直到能正常听音。

（4）检查接线是否接好，并确认音量开关及麦克风开关是否打开。

二十四、轮式智能巡检机器人过热、 有异响

1. 异常现象描述

轮式智能巡检机器人过热、有异响。

2. 异常原因分析

可能存在以下问题：①灰尘过多，挡住通风口；②风扇损坏，影响动态平衡，导致噪声。

3. 异常处理步骤

通知维护人员除尘或更换风扇。

二十五、轨道式智能巡检机器人失电异常

1. 异常现象描述

轨道式智能巡检机器人失电异常。

2. 异常原因分析

可能存在以下问题：①接线松动、接触不良；②机器人处于轨道起、始端点位置，机器人本体空开跳闸保护；③长期运行，集电器断裂或出线接线处松动；④机器人本体 AC220V 转 DC24V 电源模块故障，指示灯不亮，输出端无 DC24V 输出；⑤降压整流器不稳定、异常。

3. 异常处理步骤

（1）万用表测量，紧固接线。

（2）断掉通信电源箱总电源，拆掉外壳，合上机器人本体空开，将机器人推至距离端点 1m 以上距离，安装外壳，合上通信电源箱总电源。

（3）断掉通信电源箱总电源，保证机器人距离轨道起、始端点 1m 以上距离，

拆下上半部分外壳，更换集电器、紧固集电器处接线，合上通信配电箱总电源。

（4）更换 AC220V 转 DC24V 电源模块。

（5）更换降压整流器。

二十六、轨道式智能巡检机器人伸缩节卡涩异常

1. 异常现象描述

轨道式智能巡检机器人伸缩节卡涩异常。

2. 异常原因分析

可能存在以下问题：①接线问题；②伸缩节本身问题、伸缩节下降高度不一致，偏向一侧挤压受力，运行不畅。③程序及电机问题、电机故障或者驱动控制板、主控制板故障；④两伸缩节内牵引塑钢带断裂。

3. 异常处理步骤

（1）万用表检查并紧固修复接线。

（2）检查升降过程中伸缩节有无明显卡顿（电机正常运行而伸缩节没降），若有，则清理相关伸缩节连接处异物；依旧不行则更换对应的伸缩节。

（3）检查升降过程中电机有无明显卡顿，若有则先重刷主板程序，依旧不行则更换电机。

（4）拆下云台上端的下交换机保护壳，调整一侧塑钢带长度，使两伸缩节下降高度一致、云台水平。

（5）拆下外壳，检查两伸缩节内牵引塑钢带有无断裂，若断裂，需更换新塑钢带。

（6）拆下外壳，控制机器人上下运行，用手将云台向上提升 10cm 左右，观察电机是否转动，若不转再控制水平方向运动，水平方向若能运动，基本可判断为驱动板卡或者上下运行的电机故障，水平方向若不能运动，重刷主控程序，若还是不能运动，更换主控制板、驱动控制板、电机。

二十七、轨道式智能巡检机器人下位机与控制终端通信中断

1. 异常现象描述

上位机连不上下位机、移动端通信连接断开，如图 6-24 所示。

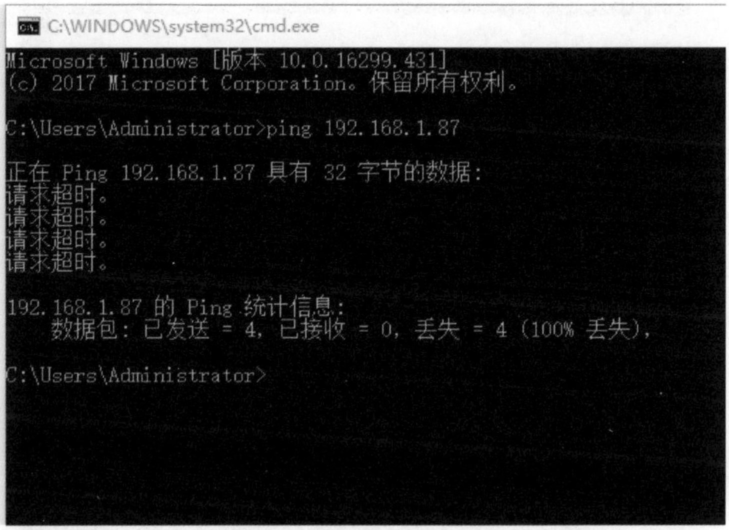

图 6-24　轨道式智能巡检机器人下位机与控制终端通信中断

2. 异常原因分析

可能存在以下问题：①机器人本体未上电或供电异常；②电力猫问题。

3. 异常处理步骤

（1）万用表检查核对机器人供电电压，紧固电源线，重新通电。

（2）检查电力猫插座是否松动；笔记本直连（插电力猫的网线接到笔记本上），ping IP（可见光、红外），若异常则检查可见光相机里的接线；若正常则更换电力猫。

二十八、轨道式智能巡检机器人可见光视频显示画面停滞、黑屏

1. 异常现象描述

轨道式智能巡检机器人可见光视频显示画面停滞、黑屏，如图 6-25 所示。

2. 异常原因分析

可能存在以下问题：①参数设置问题；②可见光摄像机故障；③通信线路问题。

3. 异常处理步骤

（1）按照实际机器人 IP 修改软件参数配置及网页配置，如图 6-26 所示。

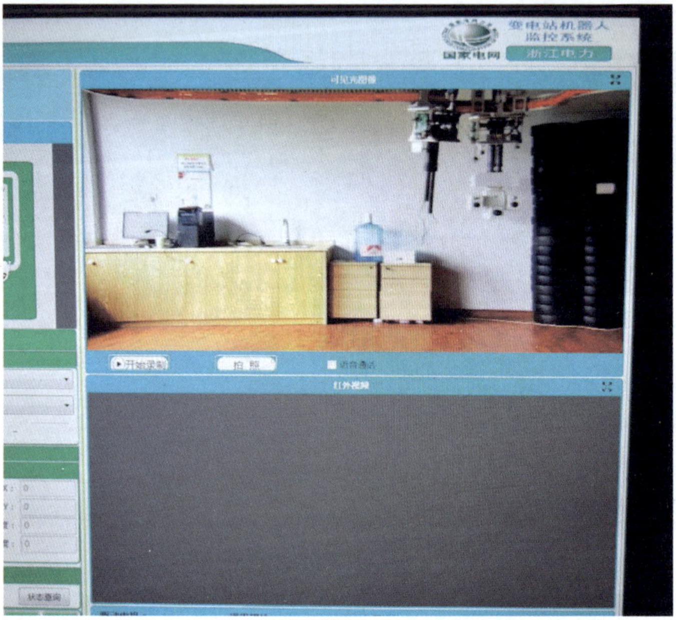

图 6-25 轨道式智能巡检机器人可见光视频显示画面停滞、黑屏

图 6-26 软件参数修改界面

（2）更换可见光相机。

（3）通信问题，详见“轨道式智能巡检机器人下位机与控制终端通信中断”。

二十九、轨道式智能巡检机器人红外热成像显示画面停滞、黑屏

1. 异常现象描述

轨道式智能巡检机器人红外热成像显示画面停滞、黑屏，如图 6-27 所示。

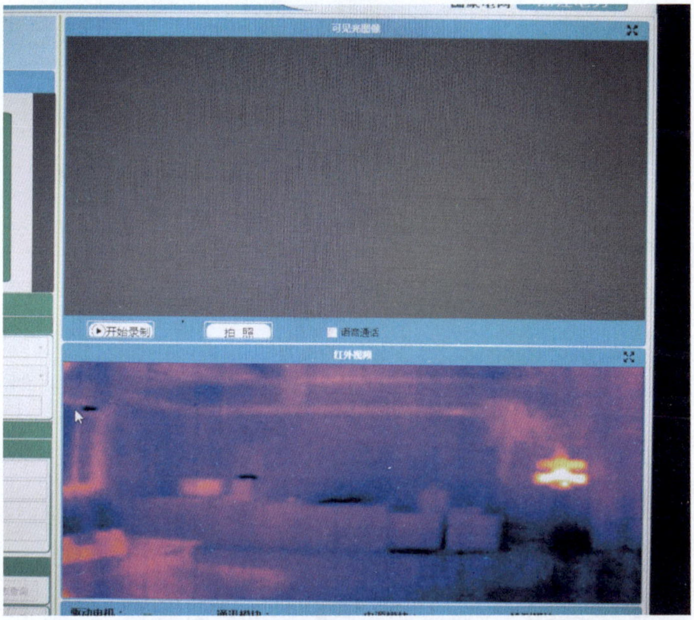

图 6-27　轨道式智能巡检机器人可见光视频显示画面停滞、黑屏

2. 异常原因分析

可能存在以下问题：①参数设置问题；②红外热像仪故障；③通信线路问题。

3. 异常处理步骤

（1）按照实际机器人 IP 修改软件参数配置及网页配置，如图 6-28 所示。

（2）更换红外热像仪。

（3）通信问题，详见“轨道式智能巡检机器人下位机与控制终端通信中断”。

图 6-28　软件参数修改界面

三十、轨道式智能巡检机器人限位停止运行

（1）异常现象描述：轨道式智能巡检机器人限位停止运行。

（2）异常原因分析：超声波避障报警。

（3）异常处理步骤：移除障碍（5s 后超声波避障会解除）。

三十一、轨道式智能巡检机器人控制终端云台失灵

1. 异常现象描述

上位机软件不能正常控制云台转动。

2. 异常原因分析

可能存在以下问题：①模式不对，任务正在执行；②通信问题。

3. 异常处理步骤

（1）终止正在执行的任务，然后控制云台。

（2）检查云台处下交换机板的云台 485 通信线，若松动，重新压接，通信问题详见“轨道式智能巡检机器人下位机与控制终端通信中断”。

三十二、轨道式智能巡检机器人控制分析软件异常

1. 异常现象描述

轨道式智能巡检机器人控制分析软件异常。

2. 异常原因分析

可能存在以下问题：①软件参数配置不正确导致登不上；②后台客户端、服务端卡死；③数据库报错，连接异常。

3. 异常处理步骤

（1）按照实际情况正确配置参数，如图 6-29 所示。

（2）后台客户端、服务端卡死可能是由于查询操作或者其他操作过快，由

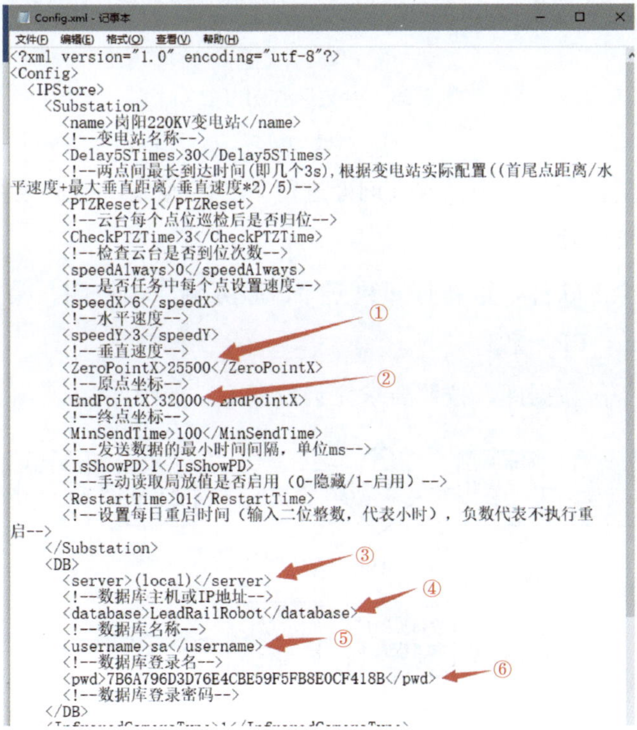


```
<?xml version="1.0" encoding="utf-8"?>
<Config>
  <IPStore>
    <Substation>
      <name>岗阳220KV变电站</name>
      <!--变电站名称-->
      <Delay5STimes>30</Delay5STimes>
      <!--两点间最长到达时间(即几个3s),根据变电站实际配置((首尾点距离/水
平速度+最大垂直距离/垂直速度*2)/5)-->
      <PTZReset>1</PTZReset>
      <!--云台每个点位巡检后是否归位-->
      <CheckPTZTime>3</CheckPTZTime>
      <!--检查云台是否到位次数-->
      <speedAlways>0</speedAlways>
      <!--是否任务中每个点设置速度-->
      <speedX>6</speedX>
      <!--水平速度-->
      <speedY>3</speedY>
      <!--垂直速度-->
      <ZeroPointX>25500</ZeroPointX>
      <!--原点坐标-->
      <EndPointX>32000</EndPointX>
      <!--终点坐标-->
      <MinSendTime>100</MinSendTime>
      <!--发送数据的最小时间间隔，单位ms-->
      <IsShowPD>1</IsShowPD>
      <!--手动读取局放值是否启用（0-隐藏/1-启用）-->
      <RestartTime>01</RestartTime>
      <!--设置每日重启时间（输入二位整数，代表小时），负数代表不执行重
启-->
    </Substation>
    <DB>
      <server>(local)</server>
      <!--数据库主机或IP地址-->
      <database>LeadRailRobot</database>
      <!--数据库名称-->
      <username>sa</username>
      <!--数据库登录名-->
      <pwd>7B6A796D3D76E4CBE59F5FB8E0CF418B</pwd>
      <!--数据库登录密码-->
    </DB>
```

注：①和②是原点坐标，也就是机器人正常停止时候的坐标；③默认local就行；④是数据库名字；⑤是sa(一般默认的都是sa)；⑥数据库密码转MD5。

(a)

图 6-29　参数配置图（一）

（a）参数 1 配置

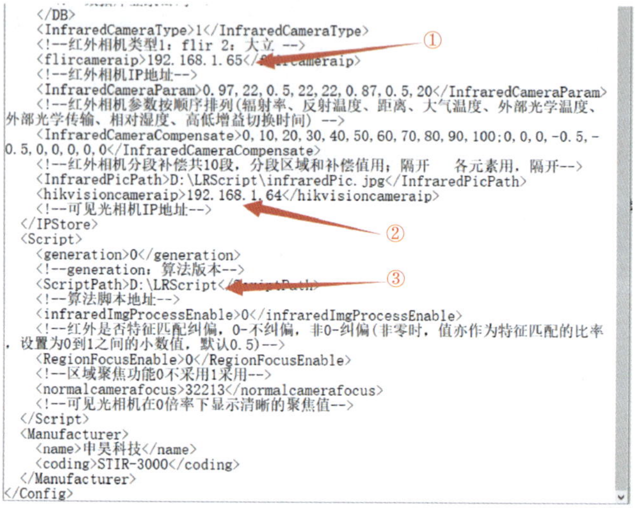

```
  </DB>
  <InfraredCameraType>1</InfraredCameraType>
  <!--红外相机类型1：flir 2：大立 -->
  <flircameraip>192.168.1.65</flircameraip>
  <!--红外相机IP地址-->
  <InfraredCameraParam>0.97,22,0.5,22,22,0.87,0.5,20</InfraredCameraParam>
  <!--红外相机参数按顺序排列(辐射率、反射温度、距离、大气温度、外部光学温度、
外部光学传输、相对湿度、高低增益切换时间) -->
  <InfraredCameraCompensate>0,10,20,30,40,50,60,70,80,90,100;0,0,0,-0.5,-
0.5,0,0,0,0,0</InfraredCameraCompensate>
  <!--红外相机分段补偿共10段，分段区域和补偿值用；隔开    各元素用，隔开-->
  <InfraredPicPath>D:\LRScript\infraredPic.jpg</InfraredPicPath>
  <hikvisioncameraip>192.168.1.64</hikvisioncameraip>
  <!--可见光相机IP地址-->
 </IPStore>
 <Script>
  <generation>0</generation>
  <!--generation：算法版本-->
  <ScriptPath>D:\LRScript</ScriptPath>
  <!--算法脚本地址-->
  <infraredImgProcessEnable>0</infraredImgProcessEnable>
  <!--红外是否特征匹配纠偏，0-不纠偏，非0-纠偏(非零时，值亦作为特征匹配的比率
，设置为0到1之间的小数值，默认0.5)-->
  <RegionFocusEnable>0</RegionFocusEnable>
  <!--区域聚焦功能0不采用1采用-->
  <normalcamerafocus>32213</normalcamerafocus>
  <!--可见光相机在0倍率下显示清晰的聚焦值-->
 </Script>
 <Manufacturer>
  <name>中昊科技</name>
  <coding>STIR-3000</coding>
 </Manufacturer>
</Config>
```


注：①是导轨机器人上红外相机的IP地址，和前面说的保持一致；②是可见光相机的IP地址；③是算法脚本地址(所填路径下面有个Study_Image文件夹)。

(b)

图 6-29　参数配置图（二）

（b）参数 2 配置

于存储的数据量较大，还未完成查询即进行下一步操作，会造成客户端卡死的情况，若卡死重启软件即可。

（3）关闭全部软件，重新打开数据库、服务端、客户端、模式识别（pattern recognition，PR）程序。

（4）及时备份数据库，按照要求完善数据库，如图 6-30 所示。

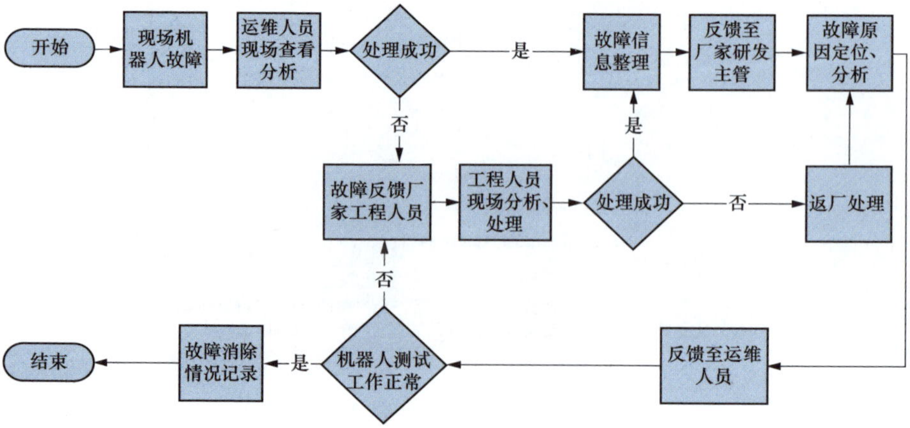

图 6-30　数据备份图

第二节　智能巡检机器人相关标准体系

随着电力行业发展越来越快，电力衍生行业发展也十分迅速。由于电力智能巡检机器人的特殊性，机器人的质量和安全尤其重要。电力智能巡检机器人行业尚处于发展阶段，我国还没有相关的电力机器人认证体系，只有一些行业规定和标准，而这些标准也没有在去全国范围内普遍使用。

电力机器人标准现状分析：

（1）电力机器人标准分布在多个不同的标准管理部门；

（2）标准制定缺乏顶层设计、协调统一；

（3）仅从应用角度出发，缺乏上下游参与及检测类标准。

电力智能机器人标准体系构建是为了更好地推动电力机器人产业良性发展，提升行业竞争力和产品质量，促进技术创新，规范产业链上下游企业接口，充分发挥行业、市场等各方面优势作用，发挥标准引领和规范高新技术产业发展的重要手段，实现国家、行业、团体、企业标准的协调发展，构建开放、有序、系统、协调的电力机器人标准体系，促进电力机器人标准化工作有序开展。

近些年来，国家电网公司陆续牵头开展了多项变电站巡检机器人领域的国家标准、行业标准、团体标准及企业标准的编制工作。标准体系中，统一了变电站巡检机器人的软硬件技术条件，并规范了变电站智能巡检机器人的技术、接口、验收、巡视、维护、检测等工作标准和要求，部分标准见表 6-1。

表 6-1　　　　　　　　　　　　标准类型及名称

序号	标准类型	标准名称
1	国家标准	GB/T 39586—2020《电力机器人术语》
2	行业标准	DL/T 1610—2016《变电站机器人巡检系统通用技术条件》
3	行业标准	DL/T 1637—2016《变电站机器人巡检技术导则》
4	行业标准	DL/T 1846—2016《变电站机器人巡检系统验收规范》
5	行业标准	DL/T 2241—2021《变电站室内轨道式巡检机器人系统通用技术条件》

续表

序号	标准类型	标准名称
6	行业标准	DL/T 2239—2021《变电站巡检机器人检测技术规范》
7	团体标准	T/CEC 159—2018《变电站机器人巡检系统扩展接口技术规范》
8	团体标准	T/CEC 160—2018《变电站机器人巡检系统集中监控技术导则》
9	团体标准	T/CEC 161—2018《变电站机器人巡检系统运维检修技术导则》
10	企业标准	Q/GDW 11513.1—2016《变电站智能机器人巡检系统技术规范第 1 部分：变电站智能巡检机器人》
11	企业标准	Q/GDW 11513.2—2016《变电站智能机器人巡检系统技术规范第 2 部分：监控系统》
12	企业标准	Q/GDW 11514—2016《变电站智能机器人巡检系统检测规范》
13	企业标准	Q/GDW 11515—2016《变电站智能机器人巡检系统验收规范》
14	企业标准	Q/GDW 11516—2016《变电站智能机器人巡检系统运维规范》

表 6-1 中，标准 1 界定了电力机器人相关的基础术语、应用场景、运行环境、组成、功能、安全防护，并且适用于电力机器人的设计、生产、检测、销售、应用、维护、管理、科研、教学等。标准 2 规定了变电站机器人巡检系统的组成、技术要求、试验要求、检验规则及标志、包装、运输和贮存要求，并且适用于交直流变电站（换流站）机器人巡检系统。标准 3 确定了机器人对变电站进行巡检的技术原则，主要包括巡检系统、巡检作业要求、巡检方式、巡检内容、任务规划及巡检资料整理，适用于交直流等级变电站（换流站）机器人巡检作业。标准 4 规定了变电站机器人巡检系统的验收内容及标准、验收流程、验收要求，适用于变电站机器人巡检系统的验收工作。标准 5 针对电力机器人行业未对室内轨道式巡检机器人各项技术指标、技术性能等形成统一规范且各类型机器人通用性不足的问题，通过制定标准对变电站室内轨道式巡检机器人的基本组成部分、功能、性能、技术要求及试验规则进行规定，该标准规定了变电站（换流站）室内轨道式巡检机器人系统的系统组成、技术要点、试验规则、标志、包装、运输和贮存，适用于各电压等级交流变电站、换流站等室内轨道式巡检机器人系统。标准 6 规定了变电站室外轮式巡检机器人的检测规则、试验方法及判定准则，适用于变电站室外轮式巡检机器人的试验检测。标准 7 规定了变电站机器人巡检系统与其他系统的信息交互关系、扩展接口的

技术要求及试验，适用于变电站、换流站机器人巡检系统的扩展接口设计、调试及验收。标准 8 针对多个变电站巡检机器人的远程集中监控问题作了规定，该标准规定了变电站机器人巡检系统集中监控的体系结构、功能要求、性能指标、技术条件、检验，以及标志、包装、运输与贮存，适用于变电站、换流站机器人巡检系统的集中监控系统的设计、选型、订货、验收和应用。标准 9 从包括例行维护和专业检修维护两方面的变电站机器人巡检系统运维检修技术出发，规定了变电站机器人巡检系统的监控系统维护、机器人室维护、机器人本体维护、通信系统维护、其他设备维护、维护种类和周期，适用于变电站、换流站机器人巡检系统的运行维护和检修。标准 10 与标准 11 同属一个标准两个部分，为规范变电站只能巡检机器人的功能要求和性能指标，更好的指导和推进变电站智能机器人巡检系统实用化应用，该标准第一部分规定了变电站智能巡检机器人的分类与组成、技术要求、检验以及标志、包装、运输、贮存，适用于变电站智能巡检机器人。第二部分主要规定了变电站智能机器人监控系统的分类与组成、技术要求、检验、标志、包装、运输与贮存。标准 12 规定了针对变电站智能机器人巡检系统的检测条件、检验规则、检测方法及判定准则，适用于变电站智能机器人巡检系统检测使用。标准 13 规范了变电站智能机器人巡检系统的验收管理，包括验收内容、验收流程、验收要求和验收标准四个方面，保证巡检机器人安全、可靠、高效运行，进一步提高缺陷发现能力及工作效率。标准 14 规范了变电站智能巡检机器人系统的运维管理，规定了机器人巡检系统的巡检要求、维护要求、异常处理、档案资料和技术培训，提高变电站智能机器人巡检系统的实用化水平。

2014 年 7 月，在中国电力科学研究院武汉分院初步建成变电站巡检机器人试验检测能力。2014 年年底，在首批集中检测经验总结基础上，开始试验场地重新规划、各类模拟表计调整布置、关键试验设施的需求设计、测试验证等工作，于 2015 年 7 月完成变电站巡检机器人试验场改造，随后投入正常使用。依托变电站巡检机器人试验场对各厂家机器人质量进行入网检测，检测不合格的产品不得进入采购环节，确保变电站巡检机器人的产品质量。

变电站巡检机器人试验场地（见图 6-31）包括室外巡检试验场、室内巡检试验场和设备缺陷智能识别试验场，具备变电站巡检机器人基本性能、巡检能力和监控后台功能共三大类 54 个项目的试验检测能力。

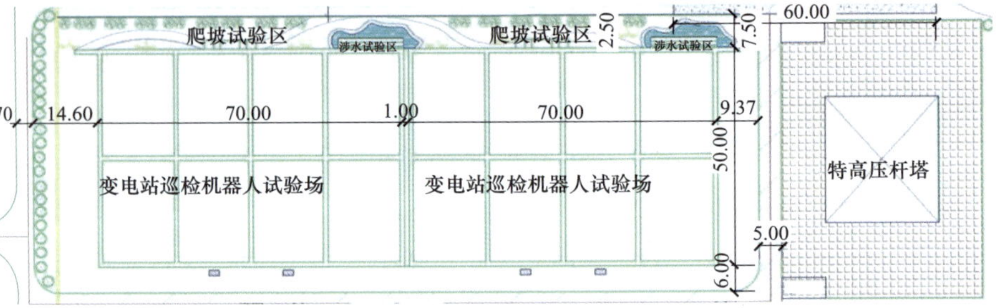

图 6-31　机器人试验场地示意图

室外巡检试验场（见图 6-32）包括 4 块室外巡检试验区共布置有 720 块表计，各类表计的布置方式和读数现场可调可控，检测环境标准化（设置了统一的导航参照物，巡检点位 3500 余个），具备同时开展 12 个型号样品调试试验的能力。

图 6-32　室外场地示意图

室内巡检试验场（见图 6-33）包括在室内巡检试验场内布置读数可调的各

类表计，在光照强度、温度、湿度、风速等环境参数可控条件下，开展机器人室内表计巡检识别试验。

图 6-33　室内场地示意图

设备缺陷智能识别试验场依托 1000kV 特高压变电考核站建设，具有变压器、隔离开关、避雷器、互感器等变电设备，可布置各类变电设备的模拟缺陷，开展设备缺陷智能识别功能试验验证（见图 6-34）。

制定变电站巡检机器人性能检测方案，不断滚动更新修订，优化检测项目和方法，保障了集中采购产品质量，为变电站巡检机器人“统一选型配置、统一招标采购、统一技术研发”奠定坚实基础，防止机器人伪劣产品进入公司系统应用，减少后期损失。图 6-35 为变电站巡检机器人性能检测现场。

由于机器人存在巡视盲区和检测数据精确度低等问题，而高清视频机动灵活性不足，受外部环境影响巡检识别准确度。因此，联合机器人、高清视频和红外装置等多类型智能感知终端，基于图像识别、红外测温等技术手段，实现变电站缺陷智能识别诊断，提升变电站巡检作业质量成为变电站联合巡检的研究和发展方向。

国家电网公司大力开展变电站高清视频与机器人巡检相互融合、信息贯通，完善联合巡检智能策略，拓展视频及机器人巡检功能，采用图像识别、红外测温、声音检测等手段，实现变电站缺陷智能识别诊断，构建变电站联合巡检体系，推进变电站远程无人自动化巡检。

图 6-34　设备缺陷智能识别功能试验验证示意图

图 6-35　变电站巡检机器人性能检测现场

智能巡检机器人建设情况设立总体目标为“一个目标，分步实现，两条主线，并行开展”。“一个目标”为运用巡检机器人和高清视频监控联合巡检技术，实现变电站无人化、自动化例行和特殊巡视，作为远景建设目标。“分步实现”为先充分试点验证，基于现有的成熟技术和可实现的应用场景，快速有成效推进联合巡检功能验证后规模推广实施，基于试点建设成果进行优化完善和范围扩大。

“两条主线”为第一条技术主线指高清视频和机器人巡检图像传输至后台系统后，比对一定时间间隔拍摄的图像，排除相关判别干扰因素，判别设备状态正常或异常；第二条技术主线指持续优化巡检机器人、高清视频图像识别功能，识别设备典型缺陷类型、判定危急程度。“并行开展”为两条技术路线同步推进，促进近期建设成效显现，同时形成“联合巡检”效果现场验证的常态机制，保持缺陷智能识别水平不断提升，保障远景目标建设实现。

参 考 文 献

[1] 鲁守银，张营，李建祥，等. 移动机器人在高压变电站中的应用 [J]. 高电压技术，2017，43 (1)：9.

[2] 姚传涛，褚海洋，王坤，等. 室内电力巡检机器人的设计与实现 [J]. 电力设备管理，2021，000 (005)：P. 47-48.

[3] 李志强，喇元，刘旭，等. 南网设备领域智能技术应用推进探析 [J]. 电力设备管理，2018 (1)：5.

[4] 宋晓帆，陈晨，樊庆玲，等. 基于智能传感器的新型巡检机器人应用研究 [J]. 河南科技，2019 (10)：3.

[5] 邵剑雄，闫云凤，齐冬莲. 基于霍夫森林的变电站开关设备检测及状态识别 [J]. 电力系统自动化，2016，40 (11)：6.

[6] 李长彧，刘林，张立颖. 基于红外热像采集技术的变压器故障预警及诊断研究 [J]. 东北电力技术，2018，39 (2)：4.

[7] 黄超艺，李天友. 电网企业机器人研发应用现状与展望 [J]. 电气应用，2018，37 (23)：8.

[8] 黄山，吴振升，任志刚，等. 电力智能巡检机器人研究综述 [J]. 电测与仪表，2020，v. 57；No. 727 (02)：31-43.

[9] 张相雨，孙立，黄兆桐. 变电站智能巡检作业机器人系统的设计 [J]. 电力信息与通信技术，2019，17 (12)：6.

[10] 王东辉，张玉亮，宋彦军. 变电站智能巡检机器人的应用研究 [J]. 电工技术：下半月，2015 (6)：2.

[11] 杨旭东，黄玉柱，李继刚，等. 变电站巡检机器人研究现状综述 [J]. 山东电力技术，2015，42 (1)：5.

[12] 张永涛. 变电站多机器人协同巡检区域划分与路径规划 [J]. 山东电力技术，2021，48 (9)：5.